知识就在得到

让思考上瘾

頭のいい人だけが解ける論理的思考問題

［日］野村裕之 著

富雁红 译

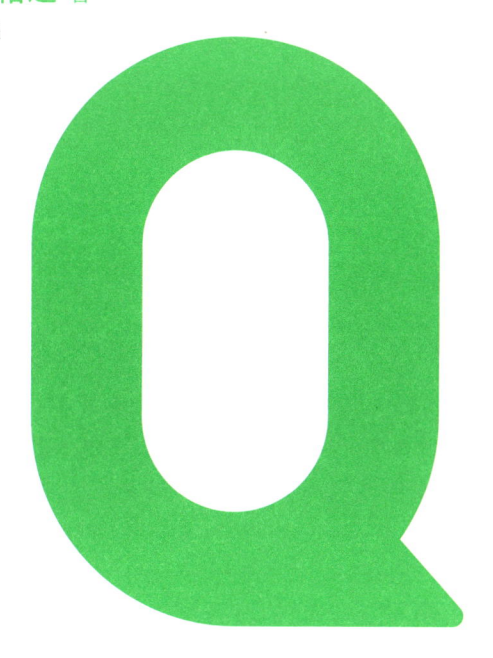

NEWSTAR PRESS
新星出版社

目 录

导语 —————————————————— 001
前言 —————————————————— 006

第 1 章 | 只有具备逻辑思维能力的人才能答出的问题

1 | 能否质疑事实？ —————————— 015
  3个村民 ★☆☆☆☆

2 | 能否通过逻辑思维发现盲点？ —————— 019
  3种调料 ★☆☆☆☆

3 | 能否仅凭单一线索找出真相？ —————— 022
  单一证言 ★☆☆☆☆

4 | 能否发现隐藏的线索？ ———————— 025
  猜拳游戏 ★★☆☆☆

5 | 能否整合杂乱无章的线索？ —————— 028
  复杂的1周 ★★☆☆☆

6 | 能否发现碎片信息中的线索？ —————— 031
  参加销售竞赛的人数 ★★☆☆☆

7 | 能否发现解题的切入点？ ——————— 034
  温泉乒乓球比赛的结果 ★★★☆☆

8 | 能否推理出更深一层的真相？ —————— 037
  通往天堂的分岔路 ★★★☆☆

9 | 能否把问题抽象化？ ————————— 042
  50%的帽子 ★★★☆☆

1

10 | 能否将多种可能性进行简化？ —————— 045
　　 33%的帽子 ★★★★☆

11 | 能否破解高难度的逻辑思维问题？ —————— 049
　　 薛定谔的猫 ★★★★★

12 | 能否将逻辑思维能力发挥到极致？ —————— 054
　　 通往天堂的阶梯 ★★★★★＋★★

第 2 章 | 只有具备批判性思维能力的人才能答出的问题

1 | 能否质疑事实？ —————— 061
　　 消失的1000日元 ★☆☆☆☆

2 | 能否不假思索，脱口而出？ —————— 064
　　 全世界最简单的问题 ★☆☆☆☆

3 | 能否识破直觉的陷阱？ —————— 067
　　 第2次赛跑 ★☆☆☆☆

4 | 能否放弃先入为主的直觉？ —————— 070
　　 逆风的飞机 ★★☆☆☆

5 | 能否注意到思考的盲点？ —————— 073
　　 船只相遇问题 ★★☆☆☆

6 | 能否识破百分比的陷阱？ —————— 076
　　 200件产品 ★★☆☆☆

7 | 能否使用视觉思维？ —————— 079
　　 某国的生育计划 ★★★☆☆

| 8 | 能否识破数字的陷阱？ ——————————— 082
| | 不可思议的加薪 ★★★☆☆

| 9 | 能否识破概率的陷阱？ ——————————— 086
| | 装白球的盒子 ★★★☆☆

| 10 | 能否发现隐藏的可能性？ ——————————— 090
| | 3张卡片 ★★★★☆

| 11 | 能否考虑到所有情况？ ——————————— 092
| | 25匹赛马 ★★★★☆

| 12 | 能否识破隐藏在证明中的陷阱？ ——————————— 097
| | 4张卡片 ★★★★☆

| 13 | 能否识破精心设计的圈套？ ——————————— 100
| | 三足鼎立的竞选 ★★★★★

| 14 | 是否敢于怀疑一切？ ——————————— 108
| | "老实人"与谎言岛 ★★★★★+★★

第 3 章 | 只有具备横向思维能力的人才能答出的问题

| 1 | 能否摒弃先入为主的观念？ ——————————— 119
| | 2炷香 ★☆☆☆☆

| 2 | 能否灵活思考问题？ ——————————— 122
| | 熊的颜色 ★☆☆☆☆

| 3 | 能否看清真正需要解决的问题？ ——————————— 125
| | 借船过河 ★☆☆☆☆

III

| 4 | 能否从相反的角度考虑问题？ —————— 128
| | 慢速赛马 ★ ★ ☆ ☆ ☆

| 5 | 能否利用限制进行创造和想象？ ————— 130
| | 穿越沙漠 ★ ★ ☆ ☆ ☆

| 6 | 能否突破狭隘的观念？ ——————————— 134
| | 天平和9枚金币 ★ ★ ★ ☆ ☆

| 7 | 能否推理出隐藏的内容？ ————————— 137
| | 26张纸币 ★ ★ ★ ☆ ☆

| 8 | 能否改变思维方式去创造和想象？ ———— 140
| | 黑白球互换 ★ ★ ★ ☆ ☆

| 9 | 能否认识到问题的本质？ ————————— 143
| | 17头奶牛 ★ ★ ★ ★ ☆

| 10 | 能否跳脱条件的限制进行思考？ ————— 146
| | 10枚硬币 ★ ★ ★ ★ ☆

| 11 | 能否实现思维的飞跃？ ——————————— 150
| | 一摞假硬币 ★ ★ ★ ★ ★

| 12 | 能否果断放弃不可能的选项？ ——————— 153
| | 邮寄宝石 ★ ★ ★ ★ ★

| 13 | 能否将信息转化为创意？ ————————— 156
| | 投票结果 ★ ★ ★ ★ ★ ＋ ★ ★

第 4 章 | 只有具备全局思维能力的人才能答出的问题

1 | 能否冷静地俯瞰全局？ ———————— 165
3个水果箱 ★☆☆☆☆

2 | 能否找出应该关注的选项？ ———————— 168
猜测年龄 ★☆☆☆☆

3 | 能否揭示隐藏的事实？ ———————— 172
遗漏的印刷错误 ★★☆☆☆

4 | 能否跨越时间洞察现状？ ———————— 176
国外的餐厅 ★★★☆☆

5 | 能否揭示隐藏的规律？ ———————— 182
2张卡片 ★★★☆☆

6 | 能否找到缩小范围的线索？ ———————— 185
10人交换名片 ★★★☆☆

7 | 能否看清现状背后的意义？ ———————— 190
红蓝贴纸 ★★★★☆

8 | 能否认识到自己扮演的角色？ ———————— 196
3人的苹果 ★★★★☆

9 | 能否洞察他人的想法？ ———————— 203
房间的密码锁 ★★★★☆

10 | 能否发现数字中的玄机？ ———————— 208
7名嫌疑人 ★★★★★

| 11 | 能否从细微线索洞察全局？ —— 214
| | 隐藏的循环赛 ★★★★★

| 12 | 能否在思维的迷雾中摸索前行？ —— 219
| | 隐藏的运动会 ★★★★★＋★★

第 5 章 | 只有具备多维度思维能力的人才能答出的问题

| 1 | 能否切换视角进行思考？ —— 231
| | 泥土谜题 ★☆☆☆☆

| 2 | 能否读懂别人的想法？ —— 234
| | 头发凌乱的3人 ★☆☆☆☆

| 3 | 能否洞察行为背后的意图？ —— 236
| | 台阶上的帽子 ★☆☆☆☆

| 4 | 能否预判未来的趋势？ —— 239
| | 3人水枪战 ★★☆☆☆

| 5 | 能否改变思维的方向？ —— 242
| | 独来独往者酒吧 ★★★☆☆

| 6 | 能否引导他人实现预期目标？ —— 248
| | 分金币问题 ★★★★☆

| 7 | 能否制定出获胜的长期战略？ —— 253
| | 工资投票 ★★★★☆

| 8 | 能否深度思考"假设中的假设"？ —— 259
| | 8张邮票 ★★★★☆

9 | 能否发现语言中隐藏的真实意图？ —————— 265
查理的生日 ★★★★☆

10 | 能否预测事物后续的发展？ —————— 271
龙之岛 ★★★★★

11 | 能否突破无法推测的困境？ —————— 277
不可能的数字猜测 ★★★★★

12 | 能否掌控复杂的读心术？ —————— 282
1000块饼干 ★★★★★+★★

第 6 章 | 逻辑思维题的终极挑战

1 | 能否让你的逻辑思维能力突破极限？ —————— 297
石像之房 ★★★★★+★★★★★

后 记 —————— 306
参 考 文 献 —————— 311

导语

测一测你的逻辑思维能力

本书中，我为你挑选了 67 个风靡全球的经典逻辑思维测试，并配以详细的解题思路。你可以先独立思考，再结合书中的答案与解析，对比自己的思考过程，找到优化解题方式的方法。无论是希望提升逻辑思维能力的学生，还是追求高效思考的职场人士，这种训练都能带来意想不到的收获。

从下一页开始，我将带你挑战 3 个经典逻辑思维测试。它们源自著名的认知反应测试（Cognitive Reflection Test，简称 CRT），由麻省理工学院教授谢恩·弗雷德里克（Shane Frederick）提出，专门用于衡量人们在判断时是否容易被直觉误导。

CRT 仅由 3 道题目组成，因此也被称为世界上最短的智商测试，但它的难度却远超想象——即使是哈佛、耶鲁等世界顶尖大学的学生，也只有不到 17% 的受试者能全部答对。

请先试着回答这 3 个问题，稍后我再揭晓答案。

让我们进入第1题的解答环节。
在答题之前，先给自己5秒钟的思考时间。

一支圆珠笔和一块橡皮的价格合计为110日元，
并且圆珠笔比橡皮贵100日元。

那么，橡皮的价格到底是多少呢？

第一眼看到这道题，是不是觉得挺简单，
答案似乎可以脱口而出。

但请注意，正确答案并不是10日元。

再来看第2题。
跟上次一样,答题之前,请先思考5秒钟。

4名员工4天可以生产4个产品。
那么,要在100天生产100个这样的产品,

至少需要多少名员工?

直觉告诉你,
答案是100人。

可事实并非如此。

第3题，依然请思考5秒钟后再作答。

某次活动，开始时只有 1 名观众，但每过 1 分钟，观众人数就会翻倍，第12分钟时，会场刚好坐满。请问到场观众人数刚好达到活动现场座位数量的一半时，

是在活动开始后的第几分钟？

可能会有人认为，既然是第12分钟时满员的，那么会场坐满一半的人应该是在开始后的第6分钟。

但是，答案并不是第6分钟。

第1题答案

很多人认为圆珠笔100日元,橡皮10日元。
但是,从这个答案往回倒推,
就会发现圆珠笔和橡皮的价格差变成了90日元,
与已知条件不符,所以这个答案并不正确。
要想让两者的价格差为100日元,
圆珠笔的价格应该是105日元,橡皮应该是 5 日元。
所以,正确答案是5日元。

第2题答案

4 名员工 4 天可以生产 4 个产品。由此可知,
4 名员工 1 天可以产出 1 个产品。那么就可以推断出,
4 名员工100天可以生产100个产品。
所以,正确答案是4名员工。

第3题答案

观众人数每过 1 分钟就会翻倍,第12分钟时全场刚好坐满,
说明会场人数达到满座的一半的时间点,
是第12分钟的前 1 分钟。
所以,正确答案是第11分钟。

一 前言

让逻辑思维题为你赋能

试过前面的 3 个逻辑思维测试后,你感觉如何?

这些题目不涉及复杂的数学计算,也不需要专业知识储备,只要能理解题目,并具备一定的分析推理能力,你就有机会找到正确答案。

事实上,类似的测试题广泛应用于哈佛、斯坦福、麻省理工等世界知名学府的入学考试,同时也被麦肯锡、谷歌、苹果、微软等大型企业用于招聘筛选。它们不仅仅用于测试解题能力,更重要的是评估候选人是否具备完整、成熟的逻辑思维体系。

我曾在一家广告公司工作,每到周五下午 6 点,公司都会举办一场名为"赢家对局(Win Session)"的团建活动。其中最受欢迎的环节,便是大家围坐在一起,挑战各种逻辑思维测试。这些充满悬念和反转的题目,往往能激起热烈讨论,甚至让人全神贯注到忘记时间。

值得一提的是,曾经一起参与"赢家对局"的 11 位核心成员中,已有 6 位成功创业,并在各自领域取得了不俗的成就。

日益重要的概念技能

为什么要花时间做逻辑思维测试？

除了享受解谜的快感，更重要的是，它们能有效锻炼概念技能。

你或许对这个名词不太熟悉。概念技能不仅指理解复杂环境并加以简化的能力，还包括识别事物之间的相互联系，并精准找出关键影响因素的能力。此外，它还涉及统筹协调各方面资源，权衡不同方案的优劣及潜在风险的能力。

这一概念最早由哈佛大学教授罗伯特·卡茨（Robert Katz）[1]在20世纪50年代提出。随后，管理学大师彼得·德鲁克（Peter Drucker）[2]在卡茨的基础上进一步发展和完善，使其成为现代管理学中的重要理论之一。

概念技能包括以下几种：

① 逻辑思维　　⑥ 包容性
② 批判性思维　⑦ 求知欲
③ 横向思维　　⑧ 探究欲
④ 多维度视角　⑨ 应用能力
⑤ 灵活性　　　⑩ 俯瞰力

---

[1] 知名管理学家，提出管理者需具备三大核心技能——技术技能、人际关系技能和概念技能。
[2] 被誉为"现代管理学之父"，其思想深刻影响了数代学者与企业家，推动了全球商业管理的革新与发展。

在一个组织中，具备概念技能的人往往能够跳脱局部视角，从整体出发理解组织的运作。他们不仅熟知各部门之间的关系，还能精准调配资源，利用自身技能解决复杂问题。因此，德鲁克曾指出，无论是高层管理人员、团队一号位，还是普通员工，概念技能都是不可或缺的核心能力。

层级	技能	
高层管理人员 (经营层)	管理技能	
中层管理人员 (管理层)	社交技能	概念技能
底层管理人员 (监管层)	技术技能	
知识工作者 (脑力劳动者)		

引自《什么是概念技能？》

这一理论虽然诞生于 20 世纪中叶，但在当今这个充满不确定性的时代，概念技能的重要性反而更加凸显。单凭经验已难以应对挑战。唯有具备系统化思考、精准判断和策略制定能力的人，才能在竞争中占据优势，脱颖而出。

在概念技能的诸多组成部分中，与思维能力息息相关的主要包括逻辑思维、批判性思维和横向思维，它们也被称为"三重思维"。此外，俯瞰力和多维度视角也是不可或缺的能力，在本书中，我将它们分别称为全局思维和多维度思维。

这 5 种关键思维方式，正是解答逻辑思维测试题所需具备的核心能力。通过不断挑战这些测试题，并在过程中刻意训练这 5 种思维方式，你将逐步建立起更高效的思考模式，使其成为你的思维肌肉记忆。

5大关键思维方式

①逻辑思维

以冷静客观的视角审视事实与信息，分析其中的规律，并作出自洽且合理的判断。例如，通过缜密推理，揭示隐藏的真相或找到最优解法。

②批判性思维

不盲从既定信息与直觉，而是保持质疑精神，深入洞察事物本质。面对既有事实与问题，主动思考"真的是这样吗？"并从这一视角重新审视推理过程，查找潜在的逻辑漏洞或矛盾，从而逐步逼近真相。

③横向思维

摆脱既定概念、惯性思维和过往经验的束缚，以更开放的视角探索问题。面对困境，不局限于常规套路，而是主动思考"还

能有哪些可能性？"从而跳出思维定式，寻找创新性的解决方案。

④全局思维

跳脱细节束缚，从更高的维度审视问题，形成整体性的认知。通过思考"整体局势如何？"拓宽视野，发现被忽略的信息和潜在机遇，从而激发新的思考方向或创新解法。

⑤多维度思维

打破单一视角的局限，从不同立场和角度全面审视问题。通过切换视角，获取更多信息，揭示隐藏的真相，并发掘那些原本可能被忽略的解决方案。

这5种思维方式不仅能帮助我们解决日常问题，在职场中同样至关重要。

具体来说，逻辑思维有助于我们在演讲或汇报时，以事实为基础进行有说服力的阐述，也能帮助我们分析复杂问题，找到合理的解决方案。批判性思维使我们能够识别现状中的矛盾、漏洞和潜在问题，从而推动有效的改进与优化。横向思维在产品创新、商业模式升级以及解决棘手难题时，能够激发突破常规的创意和对策。全局思维让我们能够站在更高的层面，掌握市场趋势，进行精准的营销分析，并制定长远的业务战略。多维度思维则能帮助我们在商务谈判和销售中精准洞察对方需求，同时提升品牌塑造和市场影响力。

我建议你在实际工作中刻意训练这些思维方式，让它们成为你的肌肉记忆，从而帮助你在分析问题、制定决策和创新突破方面更具优势。

逻辑思维题改变了我的人生

现在，请允许我进行一个迟到的自我介绍。我是本书的作者，野村裕之。

30多岁的我，并非名校出身，也不是天赋异禀之人。我经历了3次高考才踏入大学的校门。毕业后，我如愿进入了理想的公司，但短短几个月后，却因难以适应选择了离职。这段经历让我陷入了前所未有的迷茫和自我怀疑。

离职后的那段时间，为了不让自己在焦虑中虚度，我开始接触逻辑思维题。最初只是整理和收集，但随着深入研究各种解法，我逐渐被这些题目所吸引，开始在自己的博客上分享解题过程。没想到，这个纯粹的兴趣爱好竟吸引了大量读者，博客的月访问量一度突破70万次。

或许是机缘巧合，一家广告代理公司注意到了我的博客，并向毫无相关经验的29岁的我抛出了橄榄枝，让我进入市场营销行业。幸运的是，我在这份工作中表现出色，并取得了不俗的成绩。而我深知，这背后的关键因素，正是长期解答逻辑思维题所培养出的理性分析、精准判断和策略思考的能力。

本书中的许多题目乍一看似乎难以入手，但当你一步步深入推理，逐渐接近正确答案时，你会感受到难以言喻的兴奋。这就像玩剧本杀，当谜底即将揭晓的那一刻，带来的不是解脱，而是一种成就感，让人忍不住想要继续挑战下去。

所以，请以轻松愉悦的心情来享受这本书吧！如果它能让你在思考问题时更加敏锐，从解谜的过程中获得乐趣和成长，那将是我最大的荣幸。

第 1 章

只有具备逻辑思维能力的人才能答出的问题

对事情发展变化的规律进行系统的梳理，并基于获取的信息进行符合逻辑的思考，这就是我们常说的逻辑思维。

有一个叫作"云-雨-伞"的说法，可以很形象地阐释这种思维模式：天空出现乌云——可能会下雨——出门要带雨伞，即观察事实——以事实为依据进行分析——判断发生行为。

智者不会被情绪左右而轻易下判断。在这个变幻莫测的时代，理性思考和客观洞察比以往任何时候都更为重要。许多看似理所当然的逻辑问题，往往构成我们深入思考的基石。

接下来，我将带你探索12道考察逻辑思维能力的题目。

能否质疑事实？

难易度 ★☆☆☆☆

逻辑思维

1

3个村民

在你的面前站着 3 个村民：1 个是天使，1 个是恶魔，1 个是人类。天使只说真话，恶魔只说假话，人类则有时说真话，有时说假话。

这 3 个村民 (A，B，C) 分别说道：

A：我不是天使
B：我不是恶魔
C：我不是人类

这3个村民分别是什么身份呢？

第 1 章　只有具备逻辑思维能力的人才能答出的问题

> **解说** "只说真话的天使"和"只说假话的恶魔"是逻辑推理中的经典设定。本题难度较低，因此不额外提供提示，大家可以专注分析每个人的发言，理清逻辑，找出答案。

先做一个假设

读完题目后，你可能会想，"这题只能逐一分析每个人的对话，再推导出他们的真实身份吧？"

的确如此。

逻辑思维并不是什么一键得出答案的神器，而是一种引导我们层层推理、逐步逼近正确解法的思考方式。逻辑思维的基础是"假设"，在进行逻辑思考的过程中，需要反复进行假设和验证。

我们先做出四种假设：1. 如果 A 是天使；2. 如果 A 是恶魔；3. 如果 B 是××；4. 如果 C 是××。

按照这四种假设的顺序，逐一排除有矛盾的假设。但需要注意的是，人类的存在使这个问题变得有些复杂。人类有时说真话，有时说假话，很难从人类的发言中找到明确的线索，所以只能用排除法进行判断。

因此，我们首先要通过发言始终一致的天使和恶魔的话进行判断。

A的真实身份是什么？

首先，假设 A 是天使，则 A 说的"我不是天使"是真话，也就是说 A 不是天使。那么假设和事实就产生了矛盾，所以 A 不可能是天使。

那么，A 是恶魔吗？如果 A 是恶魔，那么 A 说的"我不是天使"就是假话，也就是说 A 是天使。这与 A 是恶魔的假设又产生了矛盾，所以 A 也不是恶魔。那么就只剩下一种可能性了：A 是人类。

B的真实身份是什么？

接下来我们再来看 B 的身份。

如果 B 是天使，则 B 说的"我不是恶魔"为真话，这与假设没有矛盾。

如果 B 是恶魔，则 B 说的"我不是恶魔"为假话，也就是说 B 是恶魔，这里的假设和事实也没有矛盾。因此，B 到底是天使还是恶魔，暂时还无法确定。

C的真实身份是什么？

由于暂时无法确定 B 的身份，我们可以转而分析 C 的身份。

如果 C 是天使，则 C 说的"我不是人类"为真话，这与"C 是天使"的假设并不矛盾。

如果 C 是恶魔呢，则"我不是人类"为假话，也就是说 C 应该是人类才对，但这与"C 是恶魔"的假设矛盾。

所以，C 只能是天使，那么 B 就是恶魔。

答案 | A是人类，B是恶魔，C是天使。

解答这类问题时，关键是先忽略"身份不明者"的条件，避免被不确定条件干扰——这在逻辑思考中非常关键。

总结

逻辑思维的基础：先从已知事实出发，然后验证逻辑的连贯性。
逻辑思考的过程：条件假设—逻辑验证—排除矛盾—找出真相。

能否通过逻辑思维发现盲点？

难易度 ★☆☆☆☆

逻辑思维 2

3种调料

3人在一起吃饭，他们分别是严先生、姜先生和唐先生。其中1人注意到，3人手中分别拿着盐、姜汁和糖。

手中拿着盐的人说："没有人拿着和自己名字发音相同的调料！"

唐先生说："给我点儿糖！"但是，最初注意到这件事的人手中并没有糖。

请问3人手中分别拿的是什么调料？

第1章 只有具备逻辑思维能力的人才能答出的问题

> **解说** 要想得出正确答案，必须弄清楚每句话都是谁说的，并以这3句话为线索，对每个人可能的身份分别进行假设，逐一推理验证。

假设最初注意到这件事的人是严先生

  我们可以从"最初注意到这件事的人"开始假设。因为题目的最后提到"最初注意到这件事的人手中没有糖"，所以这个人手中拿的应该是盐或姜汁。假设这个人是严先生，因为"没有人拿着和自己名字发音相同的调料"，所以严先生手中的应该是姜汁。

  接下来，我们思考一下手中拿着盐的那位发言人的真实身份。手中拿着盐，意味着这个人是唐先生或姜先生。但是紧接着唐先生就发言了，所以手中拿着盐的人应该是姜先生。

  这里就出现了一个问题：唐先生手中拿的只能是糖。这与前提条件是矛盾的，因此这种假设不成立。

假设最初注意到这件事的人是姜先生

  由于第2位发言人手中拿着盐，因此最初注意到这件事的人手里拿的只能是糖或姜汁。

  假设他是姜先生，根据没有人拿着和自己名字发音相同的调料这一前提，那么他手里拿的应该是糖。但题中说到最初注意到这件事的人手中没有糖。所以这里又产生了矛盾。

> **现在还剩下哪种组合了？**

　　由于无论最初注意到这件事的人是严先生还是姜先生，都存在着矛盾，可以确定是唐先生最初注意到了这件事。

　　在这种情况下，唐先生手中拿的应该是盐或姜汁，而题中给出第 2 位发言人手中拿着盐，因此可以确定唐先生手中拿的只能是姜汁。那么，第 2 位手中拿着盐的发言人既不是严先生，也不是唐先生，只能是姜先生。最后就剩下了手中拿着糖的严先生。这个组合是符合题中所有条件的。

答案 | 姜先生手中拿的是盐，唐先生拿的是姜汁，严先生拿的是糖。

总结

　　灵活使用逻辑思维，可以帮助我们发现之前被忽略的条件和真相。由于最后一位发言者是唐先生，所以很多人会先入为主地认为最初注意到这件事的人不可能是唐先生。但实际上，题中并未给出这样的确定性信息。

逻辑思维 3

能否仅凭单一线索找出真相？

难易度 ★☆☆☆☆

单一证言

公司的钱被人贪污了。
员工A说："犯人是B！"
员工B和C也对此事进行了发言。
但我们不知道他们说了什么。

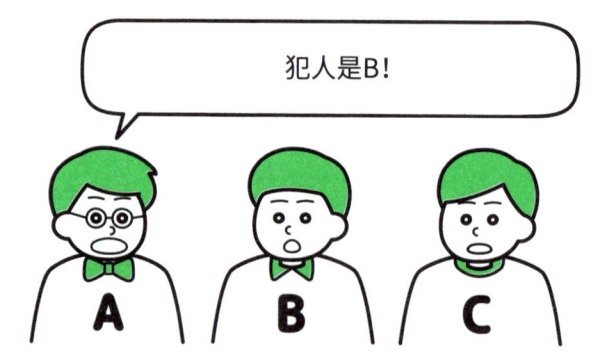

犯人是B！

A　B　C

随后得知，犯人是A、B、C其中之一，
且只有犯人说了真话。
犯人到底是谁呢？

解说 本以为这道题目和之前的类似，通过分析登场人物的发言，就可以找出犯人。但题目中只提供了员工 A 的发言，员工 B 和 C 的发言则信息不足，难以直接推理。

从已知的事实中分析出更多线索

通过题中给出的条件，我们得知：

犯人是 A、B、C 其中之一，
只有犯人说了真话。

当遇到线索较少的问题时，可以从已知事实中推导出更多信息。比如，这道题目有一个提示，"只有犯人说了真话"，由此可以推断非犯人说的是假话。明确表达这些隐藏的线索，对于解题至关重要。

找出矛盾点

因为目前只知道 A 的发言内容，所以我们首先假设 A 是犯人，根据"只有犯人说了真话"这个条件，A 所说的"犯人是 B"应该是事实。但这样一来，就出现了有 2 个犯人的情况，与"犯人是 A、B、C 其中之一"的条件矛盾。因此，A 不可能是犯人。

这时，我们需要回想一下刚才已经被明确表述出来的隐藏线索，"非犯人说的是假话"。也就是说，非犯人的 A 所说的"犯人是 B"是假话。

由于A不可能是犯人，B也不是犯人，所以犯人只能是C。

答案 | 犯人是C。

总结

本题的关键在于能否从"只有犯人说了真话"推导出"非犯人说的是假话"这条线索。即使线索有限，只要善于逆向推理，就能挖掘出更多隐藏的事实。因此，即便仅掌握一人的发言，只要改变思考模式，我们依然可以迅速推断出几名员工的真实身份。

能否发现隐藏的线索？

难易度 ★★☆☆☆

逻辑思维

4

猜拳游戏

A和B进行了10次猜拳游戏。

A出了 3 次石头、6 次剪刀和 1 次布，
B出了 2 次石头、4 次剪刀和 4 次布。

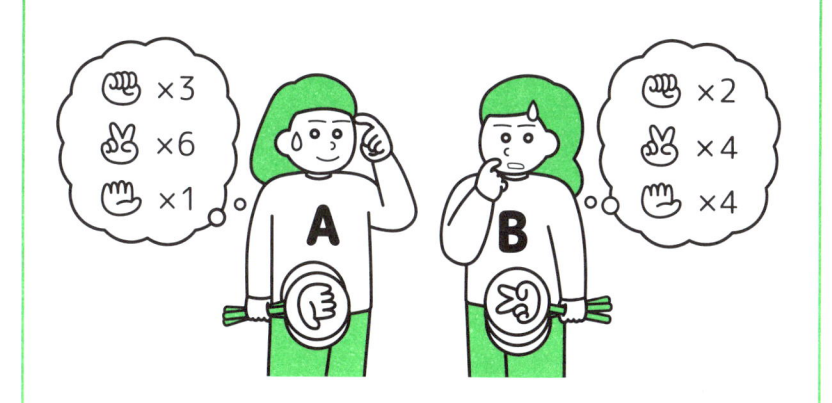

✊ ×3
✌ ×6
🖐 ×1

✊ ×2
✌ ×4
🖐 ×4

2 人从未出现平局。
过于投入的 2 人已经记不清自己出石头、
剪刀和布的先后顺序了。

请问谁赢的局数更多呢？

第 1 章　只有具备逻辑思维能力的人才能答出的问题

解说 许多人可能会觉得已知条件令人毫无头绪、难以入手，解答本题的关键所在，正是从已知条件中挖掘出隐藏的线索。

分析题中未明确给出的线索

在所有已知条件中，有一条值得关注：2 人从未出现平局。基于此，我们可以推导出一个重要信息——A 和 B 的出拳每次都不同：

当 A 出剪刀时，B 只能出石头或布；
当 A 出石头时，B 只能出剪刀或布；
当 A 出布时，B 只能出剪刀或石头。

关注猜拳的次数

现在，我们已经知道相对于 A 的所有手势，B 可能出的手势。比如，当 A 出石头时，B 出的只会是剪刀或布。已知 A 出了 3 次石头，那么 B 手势的可能性有以下几种：

3 次都是剪刀；
1 次剪刀 2 次布；
2 次剪刀 1 次布；
3 次都是布。

但如果逐一验证每种可能性，会非常烦琐。其实，有一种更简单的方法可以快速推导出正确答案。尽管此时无法确定 B 每次出的具体手势，但我们只需要关注胜负组合，也就是当 A 出某种手势的次数与 B 可能出的手势合计次数相等时的胜负情况即可。

A 出剪刀的次数和 B 出石头加布的合计次数都是 6 次，那么当 A 出 6 次剪刀时，可以确定 B 出了 2 次石头和 4 次布。由此可以推导出 A 出 6 次剪刀的战绩是 4 胜 2 负。

胜负情况一目了然

现在，我们可以明确 B 在出石头和布时的所有胜负情况。

那么在剩下的对局中 B 出了 4 次剪刀，这是已知条件。相对 B 的 4 次剪刀，A 出了 3 次石头和 1 次布。也就是说，A 在剩下 4 场对局中的战绩是 3 胜 1 负。

所以，A 最终以 7 胜 3 负的战绩赢得了比赛。

答案 ｜ A 赢的局数更多。

总结

本题的关键在于能否从"2 人从未出现平局"这一简单线索中找出突破口。由此，我们可以推导出以下关键信息：

两人每次出的手势都不同；A 出剪刀的次数，等于 B 出石头和布的总次数。

因此，解题的核心在于善于分析已知条件，从中推导出更多信息。

逻辑思维 5

能否整合杂乱无章的线索?

难易度 ★★☆☆☆

复杂的1周

A、B、C、D、E、F、G这7个同事正在讨论今天是星期几。

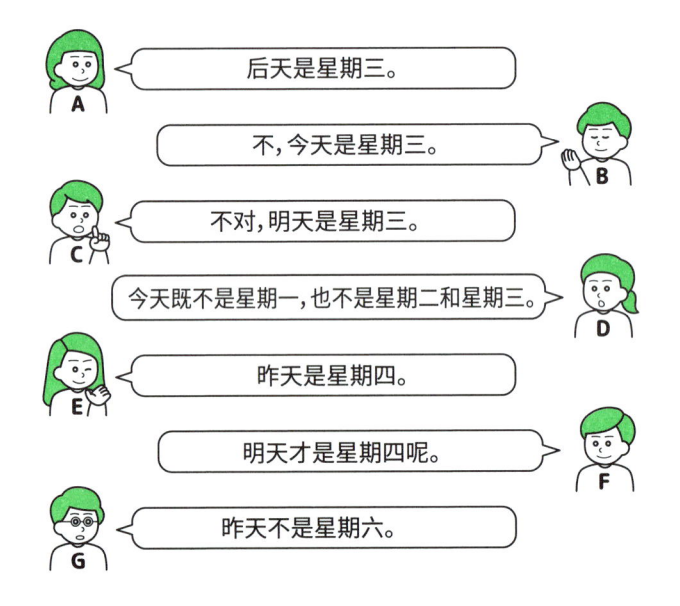

- A：后天是星期三。
- B：不,今天是星期三。
- C：不对,明天是星期三。
- D：今天既不是星期一,也不是星期二和星期三。
- E：昨天是星期四。
- F：明天才是星期四呢。
- G：昨天不是星期六。

7人之中,只有1人说的是真话。
请问今天是星期几?

先找到统一的基准

从题面上看，大家的发言内容杂乱无章，容易让人感到毫无头绪。要理清逻辑关系，我们首先要找到一个统一的参照基准。

由于题目最后问的是"今天是星期几"，我们可以以"今天"为基准，对7个人的发言进行替换和整理。

A：今天是星期一；
B：今天是星期三；
C：今天是星期二；
D：今天是星期四、星期五、星期六、星期日中的一天；
E：今天是星期五；
F：今天是星期三；
G：今天是星期一、星期二、星期三、星期四、星期五、星期六中的一天。

推导出新线索

在重新整理条件后，我们会发现一星期中的大部分日子都被提及了至少2次。比如，假设"今天是星期一"是正确答案，那么A和G的发言都是正确的，这与已知条件"只有1人说的是真话"相矛盾。因此，凡是被2人及以上重复提及的日期，都可以被认为是错误答案。

在 7 人关于"今天是星期几"的发言中,只被提到过 1 次的日子,就是正确答案。经过筛选,仅出现一次的日子是星期日。

答案 | 今天是星期日。

总结

我曾多次有过这样的经历:在跨部门沟通协调会上,大家各抒己见,拼命表达自己的诉求,却很少真正考虑别人的观点,更别提如何跟别人达成共识了。然而,事后当我整理大家的发言内容时,却发现每个人的核心论点其实有很多相似之处,论点和论点之间也存在可连接的空间。

无论是在工作还是生活中,面对杂乱的信息,关键是先找到基准,再重新梳理和整合信息。你会惊奇地发现,很多原本看似无解的问题,都可以通过合理的逻辑思维模式找到答案。

能否发现碎片信息中的线索？

难易度 ★★☆☆☆

逻辑思维

6

参加销售竞赛的人数

全国销售技能大赛规定，每家企业必须派 3 名员工参赛。某企业派出A、B、C参赛，其排名如下：

A 在所有参赛者中刚好排正中间

B 第19名，比A的名次低

C 第28名

请问一共有多少家企业参加了比赛？

第 1 章　只有具备逻辑思维能力的人才能答出的问题

从A的排名中可以得知的信息

当找不到解决问题的思路时，不妨试着换个角度去思考给定的信息，看看能否获得新的线索。

首先，我们来看看 A 的排名结果。A 在所有参赛者中刚好位列正中间，说明参赛总人数一定是奇数。

如果参赛总人数为 5 人（奇数）→第 3 名就处于"正中间位置"；
如果参赛总人数为 6 人（偶数）→则不存在"正中间位置"。

此外，根据"每家企业必须有 3 名员工参赛"这个前提可以得知，参赛总人数需同时满足是奇数且是 3 的倍数这两个条件。

从B的排名中可以得知的信息

接下来，我们再看看 B 的排名结果。因为 B 排第 19 名，比 A 的名次低，所以 A 所在的正中间位置一定在第 19 名之前。

不过，A 不可能是第 18 名，因为如果第 18 名是正中间位置，那么参赛总人数应为 35 人，但 35 并不是 3 的倍数，这与"每家企业都必须有 3 名员工参赛"的前提条件矛盾。

也就是说，A 的最低排名是第 17 名。因此，参赛人数最多为 33 人。这符合"参赛人数是奇数且为 3 的倍数"的条件。

至于参赛总人数最少是多少，应该是 21 人。因为 B 排第 19 名，而大于 19 的 3 的最小倍数就是 21，这样可以推出 A 的最高排名是第 11 名。

从C的排名中可以得知的信息

最后，我们来看 C 的排名结果。C 排第 28 名。我们知道，参赛总人数必须是奇数且是 3 的倍数，所以参赛总人数不可能是 28 人。大于 28 且符合条件的最小数字是 33。因此，可以确定参赛总人数至少为 33 人。再结合之前得出的"参赛人数最多 33 人"的结论，可以得知满足条件的唯一可能就是参赛总人数为 33 人。再根据每家企业都必须有 3 名员工参赛这个条件，可以得知参赛企业一共有 11 家。

答案 | 参赛企业一共有11家。

总结

入职测试中，这类基于给定信息推理顺序的题目十分常见。在信息有限的情况下，我们需要从多个角度审视每处细节，重新分析给定信息的含义，并逐步缩小条件范围，从而发现更多线索。这种思维模式不仅有助于解题，也可以广泛应用于工作和学习中。

逻辑思维 7

能否发现解题的切入点？

难易度 ★★★☆☆

温泉乒乓球比赛的结果

A、B、C 3 人在泡完温泉后，依次进行了乒乓球单打比赛。
比赛规则如下：

获胜者将继续参加下一场比赛。
失败者将被候补者替换，不能参加下一场比赛。
候补者也是 3 人之一，而不是其他人。
比赛结束后，A、B、C 的比赛场数如下：

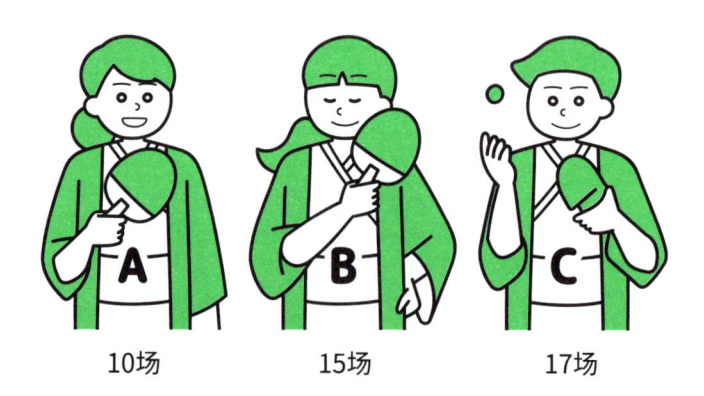

A	B	C
10场	15场	17场

请问第2场比赛谁输了？

总的比赛场数是可知的

目前已知的线索只有 3 人各自的比赛场数，看来我们一定要从这里找到突破口，获得更多线索。

3 人比赛场数合计为 10+15+17=42。难道说比赛总共进行了 42 场？直觉判断好像是这样，其实不然。因为每场比赛会有 2 人参加，因此参赛场数会被计算 2 遍。所以，3 人实际上一共打了 42÷2=21 场。

最多能打几场？最少只打了几场？

目前已经明确的事实是比赛一共进行了 21 场，且 3 人的参赛场数各不相同。仅凭这些信息，还无法直接得出答案。

当你找不到解题的切入点时，不妨先思考一个简单的问题：参赛者最多能打多少场比赛。这很简单，参赛者如果从第 1 场比赛开始一路赢到底，最多可以打满 21 场比赛；反之，如果每场比赛都输，可以参加的比赛场数就最少。每场都输意味着，假如第 1 场参赛，那第 2 场就要休息，等到第 3 场再参赛……以此类推。具体的参赛情况如下：

- 从第 1 场比赛开始参加，随后每场比赛都以失败告终，则参加比赛的场次依次为：1、3、5、7、9、11、13、15、17、19、21（共 11 场比赛）；

• 从第 2 场比赛开始参加，随后每场比赛都以失败告终，则参加比赛的场次依次为：2、4、6、8、10、12、14、16、18、20（共 10 场比赛）。

也就是说，在每场比赛都输的前提条件下，理论上可能的最少比赛场数应该是 10 场。

A只参加了10场比赛

已知条件中提到，3 人中有 1 人只参加了 10 场比赛。这样的话，我们就可以得知这位只参加了 10 场比赛的 A 的战绩了——她每场比赛都是输的。

这道题问的是：第 2 场比赛谁输了？

既然 A 的参赛场数为 10 场，说明她是从第 2 场比赛开始参赛，并且从第 2 场比赛开始，每场比赛都输了。

答案 第2场比赛A输了。

总结

当找不到解题的切入点时，不妨先从极值入手，尝试找出最大值和最小值这两种情况。在设计方案时，为了确保覆盖所有可能性，我习惯先确定边界条件，从而缩小思考范围，提高分析的效率和准确性。

能否推理出更深一层的真相？

难易度 ★★★☆☆

逻辑思维 8

第 1 章　只有具备逻辑思维能力的人才能答出的问题

通往天堂的分岔路

你站在分岔路前，其中 1 条通往天堂，另 1 条通往地狱。路口站着 2 个门卫，他们分别是"总是说真话的天使"和"总是说假话的恶魔"，但你无法从外表分辨他们的身份。

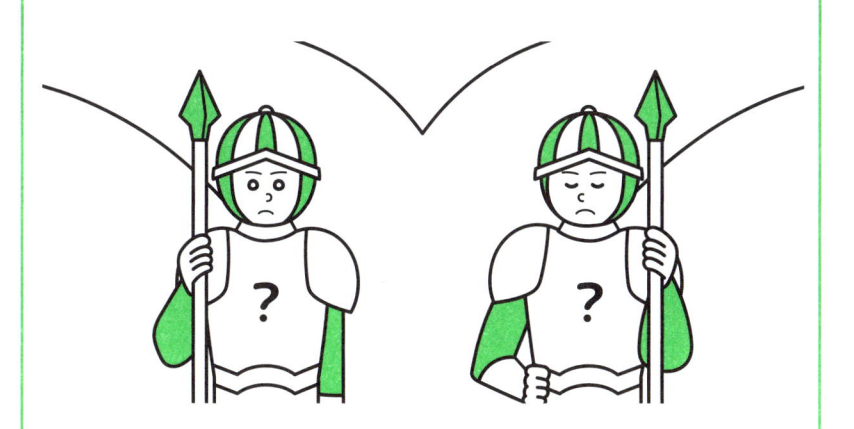

你只能向其中 1 人提出 1 个仅能用"是"或"不是"的问题。
如何提问才能找出通往天堂的路呢？

`解说` 这道题看似与"3个村民"相似，但如果尝试用相同的解题方法，会发现根本行不通。因为你只能提问一次，而在无法判断对方是天使还是恶魔的情况下，似乎无论怎么问，都无法确保得到有价值的答案。此时，真正关键的不是依靠直觉或想象力，而是利用逻辑推理找到万无一失的提问方式。这是一道纯粹考验逻辑思维能力的难题。

`提示1` 没有必要区分谁是天使，谁是恶魔。
`提示2` 必须提出一个无论对方是天使还是恶魔，都能准确指引你找到通往天堂之路的问题。
`提示3` $(-1) \times (-1) = 1$

双重提问带来的负负得正

不知道对方是天使还是恶魔，而且只能问一个问题。那么，从逻辑上考虑，我们必须提出一个无论对方是天使还是恶魔，都能明确指向正确答案的问题。可能有人会怀疑"真的有这样的问题吗？"

答案是肯定的，而其中的关键在于运用"双重提问"技巧。具体而言，我们需要问对方一个这样的问题："如果我问你（某个问题），你会回答（某个答案）吗？"

看似只是一个问题，实则包含了两个问题的逻辑嵌套。这种方法巧妙地绕开了对方身份的不确定性，使得无论对方是天使还是恶魔，都只能给出同样的答案。

具体来说：

- 向天使提问时，他会如实回答，因此逻辑等式为 $1 \times 1 = 1$。

- 向恶魔提问时，他会撒谎，但因为问题本身包含了一个假设的提问，最终仍会得出相同的结论，即 (−1)×(−1)=1。

这样，无论你面对的是天使还是恶魔，都能得到一致的回答，从而正确找到通往天堂的道路。这种方法是解答类似逻辑难题的核心技巧，值得牢牢记住。

如何让恶魔说出真相？

在这道题中，我们需要运用"双重提问"的技巧，以确保无论对方是天使还是恶魔，都能给出相同的答案。具体做法是：指向一条路，并向其中一位门卫提问："如果我问你'这条路是否通往天堂'，你会回答'是'吗？"

我们先来看如果对方是天使时，可能得到的回答：

你的提问	如果这条路通往天堂天使的回答是	如果这条路通往地狱天使的回答是
这条路是否通往天堂？	是	否
你会回答"是"吗？	是	否

如果回答为"是"，则选择这条路；如果回答是"否"，则选择另一条路，这样就能到达天堂。

如果理解了这部分内容，下面我们再来分析一下对方是恶魔的情况。我还是用表格来说明。

你的提问	如果这条路通往天堂 恶魔的回答是	如果这条路通往地狱 恶魔的回答是
这条路是否通往天堂？	否	是
你会回答"是"吗？	是	否

在这种情况下，关注在于理解恶魔面对"双重提问"时内心的想法。

如果你指向的路通往天堂，在思考"这条路是否通往天堂"时，恶魔心中的真实答案是"否"。但你实际问的问题是"如果我问你'这条路是否通往天堂'你会回答'是'吗？"，所以恶魔会再次说谎，回答"是"。

反之，如果你指向的路通往地狱，也是同样的逻辑。对于"这条路是否通往天堂"这个问题，恶魔心中的真实答案是"是"，但因为你提出的问题是"如果我问你'这条路是否通往天堂'你会回答'是'吗？"，恶魔会再次说谎，回答"否"。

也就是说，当你向恶魔提出这个问题以后，如果回答为"是"，则选择这条路；如果回答是"否"，则选择另一条路。这样就能找到通往天堂的正确道路。

天使和恶魔的回答一致

在我们提出问题时，并不知道对方是天使还是恶魔。但如果仔细对比两者的回答，就会发现一个有趣的规律：

如果这条路通往天堂，无论对方是谁，都会回答"是"；如果这条路通往地狱，无论对方是谁，都会回答"否"。

这样的话，我们只需通过一次提问，就能确切地知道哪条才是通往天堂的路。

> **答案** "如果我问你'这条路是否通往天堂'，你会回答'是'吗？"

总结

可怜的恶魔，即便绞尽脑汁撒谎，最终还是在双重谎言中暴露了事实。虽然我们始终无法分辨对方究竟是天使还是恶魔，但这并不影响我们找到通往天堂的道路。

这正是逻辑思维的魅力所在——无论对方说真话还是撒谎，我们都能通过巧妙的提问，获得相同的答案。

"双重提问"技巧不仅适用于这道题，在接下来的挑战中也会继续发挥作用。记住这个方法，让它帮你破解更多难题吧！

逻辑思维 9

能否把问题抽象化？

难易度 ★★★☆☆

50%的帽子

A和B头戴帽子，面对面而坐。2人看不见自己帽子的颜色，但可以看到对方的帽子。

2人帽子的颜色可能分别是红色或蓝色，也可能都是红色或蓝色。

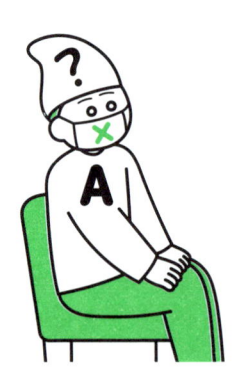

2人需要同时答出自己帽子的颜色，并且至少有1人必须答对。
等2人戴上帽子、面对面而坐以后，无法相互交流；但在此之前，他们可以讨论并商量策略。

为了至少有1人答对，他们应该怎么商议策略呢？

提示 最关键的一点是，2 人之中至少有 1 人答对即可。次关键的一点是，2 人戴上帽子前可以互相商量。

用抽象化思维简化组合分类

2 人帽子的颜色可以有 3 种组合模式：红红组合、红蓝组合和蓝蓝组合。虽然逐一分析这 3 种组合模式符合题目要求，但实际上，2 人帽子颜色的组合只会出现一种，而不会 3 种组合同时出现。那么，我们能否通过抽象化思维，减少需要分析组合的数量呢？

具体来说，红红、红蓝和蓝蓝这 3 种组合模式可以归类为 2 人帽子颜色相同和 2 人帽子颜色不同这两类。这样一来，可能的结果就被简化为 2 种。

符合模式的逻辑分析

通过将可能的结果归纳为两种情况，并针对每种情况预设答案，A 和 B 便能分别作答，从而确保至少有 1 人回答正确。这种方法大幅降低了问题的复杂度，使解题变得更为高效。

基于这一思路，可以制定以下策略：

A 回答：我的帽子与对方的帽子颜色相同；
B 回答：我的帽子与对方的帽子颜色不同。

这样真的行得通吗？让我们来验证一下。假设 A 戴着红色帽子，B 戴着蓝色帽子。按照刚才的策略：

A 回答：我戴的是蓝色帽子（与 B 的帽子颜色相同）←回答错误

　　B 回答：我戴的是蓝色帽子（与 A 的帽子颜色不同）←回答正确

　　那么，如果 A 和 B 戴的都是红帽子呢？

　　A 回答：我戴的是红色帽子（与 B 的帽子颜色相同）←回答正确

　　B 回答：我戴的是蓝色帽子（与 A 的帽子颜色不同）←回答错误

　　同理，如果 A 和 B 戴的都是蓝帽子，按照这个策略，2 人中还是可以确保至少 1 人能正确地回答出自己帽子的颜色。

答案 | 2 人在戴帽子之前互相通气：1 人回答与对方帽子的颜色相同的颜色；另 1 人回答与对方帽子的颜色不同的颜色。

总结

　　在面对多种选择时，合理运用抽象思维，并将可能性归纳为特定模式，可以使我们的决策更加明确和高效。这道题的核心思路在于，将问题简化为 2 人对应 2 种组合模式，从而轻松找出解法。当然，在现实中，我们还会遇到更复杂、更具挑战性的问题。

　　对问题进行高度抽象化的分析，可以更有效地识别事物间的共性，并减少需要考虑的情况，从而提升推理和解决问题的效率。

能否将多种可能性进行简化?

难易度 ★★★☆

逻辑思维

10

第 1 章　只有具备逻辑思维能力的人才能答出的问题

33%的帽子

A、B、C戴着帽子围坐成一圈。他们看不见自己帽子的颜色，但可以看到其他人的帽子，并且他们之间不可以互相交流。

帽子的颜色共有 3 种：红色、蓝色和白色。各颜色帽子的具体数量不等：也许 3 人帽子的颜色都一样，也许 3 人帽子的颜色各不相同。

3 人需要同时答出自己帽子的颜色，
且 3 人中至少有 1 人必须答对。
和上一道题的情况一样，他们被允许在戴上帽子之前进行商议。
3人应该怎么商议策略呢？

045

抽象成3种组合模式

A、B、C帽子的颜色随机分配，其组合方式有 3×3×3=27 种。如果逐一进行分析，那可是一项遥遥无期的大工程。

遇到这种情况，最有效的方法就是压缩需要分析的组合的数量。回想一下上一道题"50%的帽子"的解题思路：我们将红红、红蓝和蓝蓝这3种组合抽象为"2人帽子的颜色相同"和"2人帽子的颜色不同"。如果这次也能设法将帽子颜色的组合数量进行压缩，那么解题的复杂程度将大大降低。

将帽子的颜色抽象为数字

如果使用与"50%的帽子"相同的解题思路，那么可能的组合模式有以下5种：3人帽子的颜色相同、3人帽子的颜色都不同、A帽子的颜色与其他2人的不同、B帽子的颜色与其他2人的不同和C帽子的颜色与其他2人的不同。

那有没有方法进一步简化组合模式呢？这里给你一个将帽子的颜色抽象为数字的新方法。

我们先用以下数字来替代帽子的颜色：

红色 =0，蓝色 =1，白色 =2

无论 3 人的帽子是什么颜色，把数值加起来除以 3 之后，只有 3 种可能：余数为 0，余数为 1 和余数为 2。我们可以举例说明。

如果 3 人帽子的颜色分别为红色、蓝色和白色，则颜色的合计值为 3。3 除以 3 的余数为 0。

如果 3 人帽子的颜色分别为蓝色、蓝色和白色，则颜色的合计值为 4。4 除以 3 的余数为 1。

如果 3 人帽子的颜色分别为蓝色、白色和白色，则颜色的合计值为 5。5 除以 3 的余数为 2。

确定角色并进行回答

将组合模式精简至 3 种以后，问题就变得简单很多。只需 3 人在戴上帽子之前协商好，选择并确保每人回答其中一种模式即可。

A：先观察另外 2 人的帽子，再回答自己帽子的颜色，使帽子颜色种类的合计值除以 3 的余数为 0。

B：先观察另外 2 人的帽子，再回答自己帽子的颜色，使帽子颜色种类的合计值除以 3 的余数为 1。

C：先观察另外 2 人的帽子，再回答自己帽子的颜色，使帽子颜色种类的合计值除以 3 的余数为 2。

这样，无论帽子的颜色如何组合，3 人中总有 1 人能够答对自己帽子的颜色。

我们来验证一下。假设 3 人帽子的颜色如下：

A 的帽子颜色 = 蓝色 =1
B 的帽子颜色 = 蓝色 =1

C 的帽子颜色 = 白色 =2

根据之前确定的规则，我们会发现：

A 的回答要使 3 种颜色的合计值除以 3 的余数为 0。

B 和 C 之和为 3，为了使合计值除以 3 的余数为 0，A 应该回答红色（代表 0）←错误答案

B 的回答要使 3 种颜色的合计值除以 3 的余数为 1。

A 和 C 之和为 3，为了使合计值除以 3 的余数为 1，B 应该回答蓝色（代表 1）←正确答案

C 的回答要使 3 种颜色的合计值除以 3 的余数为 2。

A 和 B 之和为 2，为了使合计值除以 3 的余数为 2，C 应该回答红色（代表 0）←错误答案

> **答案**
> 3人事先商量好，将帽子的颜色转换为数字，并分别做出如下回答：
> A:合计值除以3余数为0时的帽子颜色；
> B:合计值除以3余数为1时的帽子颜色；
> C:合计值除以3余数为2时的帽子颜色。

总结

将抽象的概念或难以汇总的信息转化为信息量更少的符号，是一种非常便捷有效的思维模式。比如数字包含的信息量很少，用数字符号替换复杂的信息，就非常适用于对信息进行统一的处理或者对比。

能否破解高难度的逻辑思维问题？

难易度 ★★★★★

逻辑思维 11

第 1 章　只有具备逻辑思维能力的人才能答出的问题

薛定谔的猫

前方摆放着 5 个盒子，盒子上分别标有数字 1 到 5。
这些盒子按照 1、2、3、4、5 的顺序排列成一行。
其中某个盒子里藏着 1 只猫。
夜幕降临后，猫会从当前的盒子移动到旁边的盒子里。
到了早上，你只能检查其中的 1 个盒子，
确认猫是否在那里。

第1天　1　2　3　4　5

第2天　1　2　3　4　5

第3天　1　2　3　4　5

请问按照怎样的开盒顺序，可以最有效地找到猫？
以及按照这个顺序，最迟第几天找到猫？

解说 猫每天移动一次，而你每天能检查的盒子只有一个。即使按顺序检查，猫也可能移动到昨天已经检查过的盒子里，或者一直在尚未检查的盒子之间来回移动。这种看似永无休止的与猫捉迷藏的游戏，会有解决办法吗？

提示1 先从简单的例子开始思考。
提示2 关注猫的移动模式。

猫的移动其实很机械化

假设第1天打开1号盒子，但是没有发现猫，其实猫藏在2号盒子里，并且第2天可能会移动到1号盒子里。

假设第1天和第2天都检查了1号盒子，但依然没有发现猫，那是因为猫可能按照"3→2→1"的路径移动，在第3天才会出现在1号盒子里。

……

仅仅做了两个假设，我们就已经感到这个问题解决起来相当麻烦，突破口到底在哪里呢？

事实上，"检查了盒子但是没有发现猫"这个条件，本身就是一条非常重要的线索，因为它可以限定可能有猫的盒子的范围。

处理复杂问题的3种方法

接下来向大家介绍3种处理复杂问题的方法：**假设、简化和分类。**

假设我们在之前的题目中就用到过。在本题中，第 1 天打开 1 号盒子时没有发现猫，我们就可以这样假设：如果猫藏在 2 号盒子里会怎样？然后根据这个假设继续推理。但是，现在一共有 5 个盒子，用假设的方法去考虑所有的可能性，难度相当大。

这时，就要用到第 2 个方法：简化。设想一下在只有 3 个盒子存在的情况下该如何解答这道题，把问题简单化。

最佳方法就是在第 1 天检查 2 号盒子。如果没有发现猫，就说明猫藏在 1 号或 3 号盒子里。第 2 天再次检查 2 号盒子，由于第 1 天待在 1 号或 3 号盒子的猫需要移动，所以一定可以在 2 号盒子里找到它。

那么当盒子数量变成 5 个时，又该如何解答这道题呢？这时我们就要用到第 3 个方法：分类。也就是说，当面临多种可能性时，要将这些可能性分成几种不同的情况来考虑。在这道题中，猫可以藏身的盒子共有 5 个，我们可以考虑将盒子分为偶数盒子和奇数盒子。

如果第1天猫在偶数盒子里

第 1 天

因为猫在 2 号或 4 号的偶数盒子里，首先检查 2 号盒子。

如果在 2 号盒子里找到了猫，则问题结束。

如果 2 号盒子里没有发现猫，则可以推断猫在 4 号盒子里。

第 2 天

检查 3 号盒子。如果猫从 4 号盒子移动到了 3 号盒子，则问题在第 2 天结束。但如果猫从 4 号盒子移动到了 5 号盒子，则第 2 天依然没有找到猫。

第 3 天

检查 4 号盒子。如果第 2 天没有找到猫，则可以推断第 2 天猫在 5 号盒子里。因此，第 3 天猫一定在 4 号盒子里。

也就是说，如果第 1 天猫在偶数盒子里，按照 2 号→ 3 号→ 4 号的顺序检查盒子，最迟可以在第 3 天找到猫。

如果第1天猫在奇数盒子里

接下来，我们来分析第 1 天猫在奇数盒子里的情况。这并不需要进行复杂的推理，因为如果猫最初藏在偶数盒子里，按照先前的检查顺序，即第 1 天 2 号→第 2 天 3 号→第 3 天 4 号，第 3 天肯定可以找到猫。但如果到了那天依然没有找到猫，就说明猫最开始并不在偶数盒子，而应该在奇数盒子里。

既然猫最初在奇数盒子，那么按照移动规律，它会依次以第 1 天奇数→第 2 天偶数→第 3 天奇数的模式移动。因此，当第 3 天检查结束时，猫一定还在某个奇数盒子（1 号、3 号或 5 号）。这样一来，在第 4 天，猫必然会移动到偶数盒子（2 号或 4 号）。

这意味着，我们可以像之前"猫在偶数盒子里"时那样检查盒子，推导猫的位置：

"第 4 天 2 号→第 5 天 3 号→第 6 天 4 号"

最迟可以在第 6 天找到猫，这 6 天的检查顺序依次为：

"2 号→ 3 号→ 4 号→ 2 号→ 3 号→ 4 号"

另外，由于 5 个盒子是对称的，所以即使顺序颠倒过来也没有问题。也就是说，按照 4 号→ 3 号→ 2 号的顺序检查也可以成功。

2号→3号→4号→2号→3号→4号

2号→3号→4号→4号→3号→2号

4号→3号→2号→2号→3号→4号

4号→3号→2号→4号→3号→2号

以上是确保可以找到猫的四种检查顺序。

答案 | 按照"2号→3号→4号→2号→3号→4号"的开盒顺序（或上面提及的另外3种开盒顺序）进行确认，最晚会在第6天找到猫。

总结

虽然这个问题分析起来有些复杂，但只要熟练掌握假设、简化、分类这几个处理复杂问题的基本方法，洞察其中的规律，将问题简化后再思考，就能找到解题的突破口。

其实，现实世界中的挑战要烦琐得多，所以这类问题也频频出现在需要处理复杂任务的IT企业的招聘考试中，用以考察应聘者是否具备洞察规律、简化问题的能力。

逻辑思维 12

能否将逻辑思维能力发挥到极致？

难易度 ★★★★★ + ★★

通往天堂的阶梯

你的面前有 2 道阶梯，1 道通往天堂，
1 道通往地狱。
阶梯前站着 3 个门卫，分别是
总是说真话的天使、总是说假话的恶魔和
有时说真话有时说假话的人类，
但从外表上看，3 人是无法区分的。

你有 2 次提问机会，可以向其中任何 1 个门卫提问，
但他只能回答"是"或"否"。
另外，门卫们知道彼此的真实身份。
如何提问才能找到通往天堂的阶梯呢？

提示1 无须确定天使、恶魔和人类的身份。
提示2 第 1 次提问的对象和第 2 次提问的对象不同。

成为解题障碍的"人类"

这道题的难点在于"有时说真话有时说假话"的人类的存在。我们无法从人类的回答中得到任何有效信息。

那我们该怎么做呢？

先分析切入点

这个问题可以进一步拆分为：1. 谁是人类？谁不是人类？2. 哪道阶梯是通往天堂的？

由于从人类那里得不到任何线索，所以不解决第 1 个问题的话，就难以解开第 2 个问题。我们有 2 次提问机会，所以在第 1 次提问时，我们至少应该确定"谁不是人类"。

因为 3 个门卫只能回答"是"或"否"，说明直接问他们"谁是人类"这种问题是行不通的。第 1 个问题应该是这样的："如果我问你'某某是人类吗'，你会回答'是'吗？"

第1次提问

第 1 次提问的对象可能是任何身份，既然我们无法从外表对他们进行区分，就只能随机提问。我们将 3 个门卫分别称为 A、B、C，首先向 A 进行第 1 次提问。问题如下：

"如果我问你'B 是人类吗'，你会回答'是'吗？"

下面将分别就 A 是天使和 A 是恶魔的情况进行分析。

如果A是天使

你的提问	如果B是人类 对方的回答是	如果B是恶魔 对方的回答是
B是人类吗？	是	否
你会回答"是"吗？	是	否

如果回答是"是"，说明"B 是人类"，如果回答是"否"，说明"B 是恶魔"。

如果A是恶魔

你的提问	如果B是人类 对方的回答是	如果B是天使 对方的回答是
B是人类吗？	否	是
你会回答"是"吗？	是	否

如果回答是"是",说明"B 是人类",如果回答是"否",说明"B 是天使"。

也就是说,无论 A 是天使还是恶魔,只要对方回答"是",就可以确定 B 是人类,而 C 不是人类。因此,我们要向不是人类的 C 进行第 2 次提问。你可能会疑惑为什么不再次向 A 提问,理由稍后解释。

那么,如果第 1 次提问时 A 的回答是"否",会怎么样呢?

在这种情况下,至少可以确定 B 不是人类。因此,我们要向不是人类的 B 进行第 2 次提问。

如果A是人类

现在我们已经确定了哪些情况下谁不是人类。

但是,可能会有人怀疑,"如果 A 是人类,那结果就不一定了"。

的确,如果 A 是人类,其回答便失去了可信度。因此,无论 A 的回答是什么,第 2 次提问一定要问 A 以外的人。

即使 A 是人类,并且第 1 次提问的回答不可信,但是通过向 A 以外的人进行第 2 次提问,我们仍然可以确保第 2 次提问的对象为非人类。也就是说,第 2 次提问肯定是向非人类提出的。

第2次提问

到了这一步,你就可以用手指向任意一道阶梯,并问 B 或 C 中确定为非人类的那位:"如果我问你'这道阶梯是否通往天堂',你会回答'是'吗？"

无论对方是天使还是恶魔，如果对方回答"是"，就说明你指的阶梯就是通往天堂的；如果对方回答"否"，则另一道阶梯才通往天堂。

答案

将3名门卫分别称为A、B、C，首先向A提问："如果我问你'B是人类吗'，你会回答'是'吗？"如果A回答"是"，则接下来向C提问；如果A回答"否"，则接下来向B提问。

用手指向任意阶梯，问"如果我问你'这个阶梯是否通往天堂'，你会回答'是'吗？"如果对方回答"是"，就说明手指的阶梯是通往天堂的；如果对方回答"否"，则另一道阶梯才通往天堂。

总结

由于"人类"的存在，这道题的难度增加了很多。所以我们首先要通过提问把"人类"排除。这道题在双重提问上叠加了双重提问，的确算是逻辑思维题里的高难度问题。

第 2 章

只有具备批判性思维能力的人才能答出的问题

对于那些看似合理的解释和逻辑,
若能重新思考并质疑"真的是这样吗",
便是批判性思维的体现。

以前面提到的"云-雨-伞"为例,
思考"天空出现乌云是否一定会下雨"
"除了乌云之外,还有哪些因素需要考虑"
这些问题,正是批判性思维的具体运用。

事实上,大脑并不如我们想象得那样可靠,
它常常会陷入数字的圈套和直觉的陷阱。
然而,智者会怀疑自己的直觉,并做出冷静的判断。
接下来,我将分享14道需要运用批判性思维来解答的题目。

能否质疑事实？

难易度 ★☆☆☆☆

批判性思维 1

第 2 章　只有具备批判性思维能力的人才能答出的问题

消失的1000日元

你和 2 个同事一起住酒店，住宿费是每人 1 万日元，一共交给前台 3 万日元。但是后来前台意识到，如果 3 人一起住，住宿费应该是 2.5 万日元，所以要退还5000日元。

但是前台觉得5000日元无法平均分配给 3 人，于是将2000日元装进了自己的腰包，仅退还给 3 人3000日元。

2000日元　　2.7万日元

3 人一共支付了 3 万日元，又收到了3000日元退款，所以 3 人总共支付了2.7 万日元。
再加上前台私吞的2000日元，一共是 2.9 万日元。
那么剩下的1000日元去哪里了呢？

解说 这是一道语言陷阱类问题。如果跟着题目叙述走，思路很容易被带偏。

题中的叙述是正确的吗？

这道题的关键点在于"加上前台私吞的 2000 日元，总共是 2.9 万日元"。这句话需要特别注意。

3 人支付的 2.7 万日元是"正常住宿费 2.5 万日元"加上"前台私吞的 2000 日元"。也就是说，不是"2.7 万日元加上 2000 日元等于 2.9 万日元"，正确的应该是"2.7 万日元减去 2000 日元等于 2.5 万日元"。这里可能有点不好理解，让我们按照时间顺序重新梳理一下所有费用的明细吧。

3 人共计支付：3 万日元
接待员需退还：5000 日元
酒店住宿支出：2.5 万日元

此时金额已相互抵消。随后，前台退还了 3000 日元。

3 人共计支付：2.7 万日元
接待员私吞：2000 日元
酒店住宿支出：2.5 万日元

此时金额也是可以相互抵消的。3 人支付了 2.7 万日元，前台和酒店也只收到了 2.7 万日元。其实是题中"加上前台私吞的 2000 日

062

元，总共是 2.9 万日元"这句话，造成了我们的理解混乱。也就是说，1000 日元只是在字面意思上消失了，实际并没有。

答案 ｜ 1000日元并没有消失。

总结

要警惕"利用数字游戏来掩盖事实"的描述，这是逻辑思维题中常见的"烟雾弹"。

批判性思维的核心在于质疑表象、深入探究，避免被表面的数字或逻辑误导。让我们带着这份思辨的意识，审视那些需要运用批判性思维来破解的问题，努力捕捉其中可能隐藏的不协调之处。

批判性思维 2

能否不假思索，脱口而出？

难易度 ★☆☆☆☆

全世界最简单的问题

A在看B，B在看C。

A已经结婚，而C是单身。

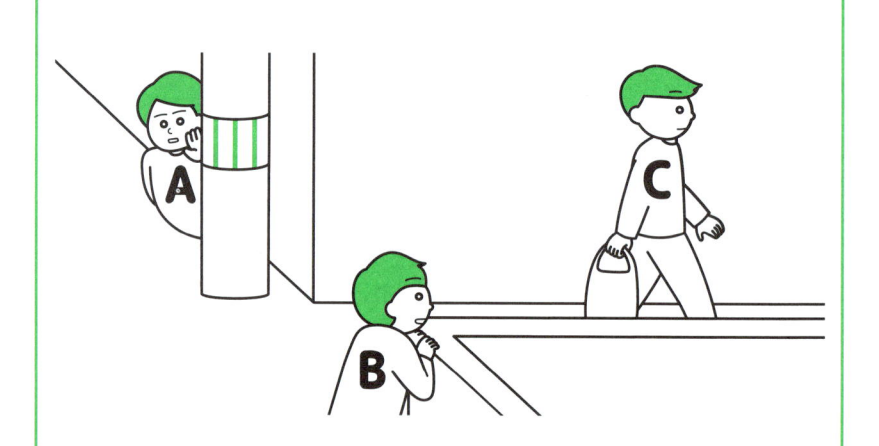

根据这个情景，我们来分析一下：
"有个已婚的人在看单身的人"
这句话是否成立？

解说 第 1 次看到这个问题时我感到非常惊讶。因为不管怎么想，我都觉得仅凭给出的信息无法做出判断。但这是一道逻辑思维题，是有明确答案的。这道题成了社交平台上最常被讨论，也是有史以来最简单、最有趣的逻辑问题之一。

B的状态是个谜团

通过给出的条件，我们可以推导出 3 人的关系：

A（已婚）→ B（？）→ C（单身）

在这种情况下，我们似乎无法确定"有个已婚的人在看单身的人"这句话是否成立。

验证后答案立现

但是，答案其实是可以验证的。
如果 B 是已婚，则：

A（已婚）→ B（已婚）→ C（单身）

如果 B 是单身，则：

A（已婚）→ B（单身）→ C（单身）

因此，无论 B 是否结婚，"有个已婚的人在看单身的人"这句话都是成立的。

> **答案** "有个已婚的人在看单身的人"这句话是成立的。

总结

这是一道只需简单验证就能解决的问题。它给我们的启发是：即使掌握的信息有限，也不应轻易认为问题无解。我们常习惯于不断收集更多信息，以求更完整的答案，但如果能充分利用现有信息，积极验证假设，或许会惊喜地发现答案其实近在眼前。

能否识破直觉的陷阱？

难易度 ★☆☆☆☆

批判性思维

3

第 2 次赛跑

第 1 次100米赛跑你输了。当对手到达终点的那一刻，你离终点尚有10米之遥。于是在第 2 场比赛开始前，为了配合你的速度，你的对手被安排在起跑线后10米的地方起跑。

谁将在第2场比赛中获胜？

注：此题假设在两场比赛中你和对手的速度都是恒定的。

第 2 章 只有具备批判性思维能力的人才能答出的问题

第1场比赛的结论

我们首先确认一下从第 1 场比赛中可以看出什么。因为 2 人各自跑步的速度是不变的，所以通过这场比赛可以得知：

对手跑完 100 米的时间 = 你跑完 90 米的时间。

毫无疑问，第 1 场比赛的结论就是对手跑得比你快。

第2场比赛的验证

第 2 场比赛，对手从起跑线后退了 10 米开始跑。也就是说，对手到终点时实际跑了 110 米，而你跑了 100 米。我们已经通过第 1 场比赛得知，当对手跑完 100 米的时候，你跑了 90 米。也就是说，第 2 场比赛中，当你的对手跑到 100 米的时候，你跑完了 90 米。因此：

在抵达终点前 10 米的位置，你们 2 人刚好齐头并进。

此时你们 2 人与终点的距离相同。由于对手的速度比你快，所以对手会超过你率先到达终点。

答案 | 第2场比赛依然是对手获胜。

总结

在第2场比赛中,如果可以获得10米的补偿,应该是你从起跑线向前10米的位置开始跑。这样,两个人才会同时到达终点。所以,即使是看似相同的补偿方案,其结果也可能大相径庭。这个问题教会我们,如果仅凭第一印象进行直觉判断,就很容易落入陷阱。

专栏 伪相关

在学习批判性思维的过程中,需要了解什么是"伪相关",这是统计学中的常用概念,也被称为"伪关系"或"虚假关系"。

举个例子,统计数据显示,每年8月,冰激凌销量达到高峰,而游泳池溺水事故的发生率也显著上升。如果仅凭这一现象就得出"冰激凌诱发溺水事故"的结论,那就大错特错了。实际上,是因为"夏季炎热"才会有这两种现象的,它们之间并没有因果关系。

像这样由于某些潜在因素的影响,使得两件原本无关的事物呈现出某种表面上的因果关联,这就是伪相关。当面对这类看似相关的现象时,我们必须运用批判性思维,深入分析,避免被表面的数据迷惑。

批判性思维 4

能否放弃先入为主的直觉？

难易度 ★★☆☆☆

逆风的飞机

有A和B两座机场。
现在，你乘坐飞机从A机场出发去B机场，
并从B机场返回A机场。
与无风的时候相比，如果"风总是从A机场吹向B机场"，
那么飞机的往返时间将会如何变化呢？
请做出你的选择：
①往返时间不变
②往返时间比无风的时候长
③往返时间比无风的时候短

注：此题假设飞机的巡航速度和风速都是恒定的。

与直觉相反的正确答案

大家通常会觉得，无论无风还是有风，飞机往返所需的时间应该是不会变的。当风由 A 机场吹向 B 机场时，飞机在去程会因为顺风而更快到达，在返程则会因为逆风而变慢。去程早到了，那么返程晚到的时间刚好被抵消了，所以往返时间不变。

这道题解题的关键点在于逆风。"去程早到的时间和返程晚到的时间是相等的"这个条件本身就是一个陷阱。

我们可以做个假设：A 机场和 B 机场之间的距离为 600 公里，无风时飞机的巡航速度为 200 公里 / 小时。此时，飞机去程和返程用时分别为 3 小时，合计 6 小时。

接下来，让我们计算一下"当风从 A 机场吹向 B 机场，风速为 100 公里 / 小时"时的往返时间。

去程是顺风：

飞机巡航速度 200 公里 / 小时 + 顺风的 100 公里 / 小时 = 飞机在顺风中的有效速度为 300 公里 / 小时

→所需时间为 2 小时

（在实际计算中，风速不会直接与飞机速度简单相加，但为了便于计算，这里进行了简化。）

回程是逆风：

飞机巡航速度 200 公里 / 小时 − 逆风的 100 公里 / 小时 = 飞机逆风时速为 100 公里 / 小时

→所需时间为 6 小时

所以，飞机往返用时为：

去程 2 小时，返程 6 小时，合计 8 小时。跟无风时相比，有风时的往返时间会增加 2 小时。

无限的逆风

为什么会这样呢？因为顺风带来的加速和逆风带来的减速性质不同。

让我们想象一个极端的例子：风速和飞机的巡航速度完全相同。

在这种情况下，如果飞机逆风前进，其速度和风速是相互抵消的。理论上，从 B 机场返回 A 机场时，飞机将完全无法前行。也就是说，飞机将永远无法从 B 机场返回 A 机场，其往返时间趋于无限长。

答案 | 往返时间比无风的时候长。

总结

无论是在地面步行往返 100 米与在自动步道上往返 100 米，还是在普通泳池游泳 50 米与在流动泳池中游泳 50 米，只要存在阻力，往返所需的时间都会比在无阻力的情况下更长。这一规律可以通过数学计算加以验证。

然而，人们往往受直觉的误导，习惯性地认为"去程节省的时间与回程增加的时间相等"，而忽略了其中的不对称性。

能否注意到思考的盲点？

难易度 ★★☆☆☆

批判性思维 5

船只相遇问题

从日本前往澳大利亚的船只，
每天中午12点都会准时出航。
同时，从澳大利亚前往日本的船只也会出发。

两船航程用时都是 7 天 7 夜。

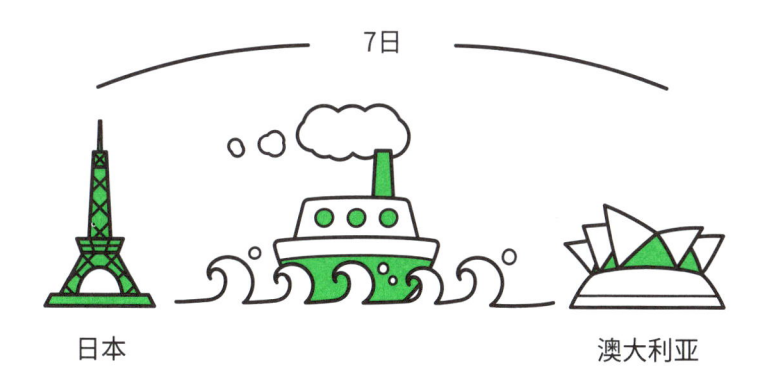

7日

日本　　　　　　　　　　　　澳大利亚

那么，一艘今天从日本出发的船，
在到达澳大利亚之前，
会与前往日本的船相遇几次呢？

第 2 章　只有具备批判性思维能力的人才能答出的问题

要小心直觉性答案

这似乎是一个不需要思考就能回答出来的简单问题。你可能认为，航程为 7 天，每天都会出发 1 艘船，所以一共会相遇 7 次。然而，这种思考是不全面的。

问题的"过去式"

有一个盲点很容易被忽视。其实，从日本出发的船，不仅会与"即将从澳大利亚出发的船"相遇，还会与"过去 7 天内从澳大利亚出发的船"相遇。具体情况如下：

• 船从日本港口出发时，会与 1 艘从澳大利亚出发并完成 7 天旅程后到达日本的船相遇。
• 船在从日本前往澳大利亚的海上，会与 13 艘船相遇。
• 船在抵达澳大利亚港口时，会与刚从澳大利亚出发的 1 艘船相遇。

用图表示如下：

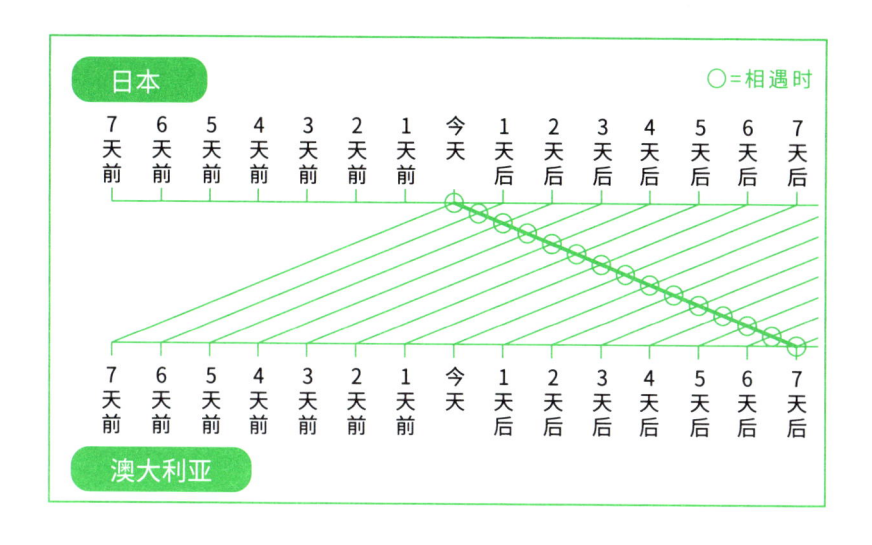

```
日本
7天前  6天前  5天前  4天前  3天前  2天前  1天前  今天  1天后  2天后  3天后  4天后  5天后  6天后  7天后

○=相遇时

7天前  6天前  5天前  4天前  3天前  2天前  1天前  今天  1天后  2天后  3天后  4天后  5天后  6天后  7天后
澳大利亚
```

如图所示，这艘船会与从澳大利亚驶向日本的船相遇 15 次。

答案　　　　　15次

总结

　　事实上，这艘从日本前往澳大利亚的船并不是每 24 小时才与澳大利亚驶来的船相遇一次，而是每 12 小时就会相遇一次。解题的关键在于，当你看到"每天有一艘船出发"这一信息时，是否能想象出实际的场景，并意识到海上早已有 7 艘船在航行。

　　这个问题提醒我们，思考问题时不能只关注眼前的表象，还要回溯过去，推演未来，这样才能准确理解并把握真实的情况。

批判性思维 6

能否识破百分比的陷阱?

难易度 ★★☆☆☆

200件产品

某工厂生产了200件产品。

然而,工厂发现其中99%是次品,
于是想设法把次品拿走,
让工厂次品率降至98%。

需要拿走几件次品呢?

高深莫测的百分比

我们先确认一下前提条件：工厂生产了 200 件产品，其中 99% 是次品。

200×0.99=198

也就是说，200 件产品中，有 198 件是次品，2 件是合格品。那么，要想将工厂里的次品率降到 98%，我们需要拿走多少件次品呢？

一看到这个问题，很多人都会凭直觉回答 2 件：既然总数是 200 件，200 的 1% 是 2，那么只要拿走 2 件次品就可以把次品率降低 1% 了。但事实真的是这样吗？

我们来验证一下。如果拿走 2 件次品，次品数量就变成了 196 件。而合格品的数量保持不变，产品总数变成了 198 件。此时的次品率如下：

196÷198 ≈ 0.$\dot{9}\dot{8}$

是的，次品率并没有正好达到 98%。因为次品数量减少了，产品总数也会相应减少。

出乎意料的答案

虽然减少 2 件次品并没有使次品率降到 98%，但次品率确实降低了。也就是说，如果继续减少次品数量，次品率总会达到 98%。那么，这个数量是多少呢？

答案是 100 件。一定有人觉得，要拿走的次品也太多了！那我们就来验证一下。

如果减少 100 件次品，次品数量就会变成 98 件。合格品数量保持 2 件不变，那么产品总数就是 100 件。也就是说，次品率为：

98÷100=0.98

现在的次品率刚好是 98%。我们拿走了 100 件次品，将工厂产品变成了 98 件次品和 2 件合格品，从而将次品率降低到了 98%。

答案 | 需要拿走100件次品。

总结

在做这道题的时候，计算速度很快的人反而更容易落入陷阱。因为与"百分比"相关的问题，给人的直观感受与实际情况相比，往往是截然不同的，所以一定要仔细验证。

能否使用视觉思维?

批判性思维

7

难易度 ★★★☆☆

某国的生育计划

某国的父母都想生女孩,
每个家庭在女孩出生之前都会持续生育,
一旦有女孩出生就会停止生育。

请问该国男孩和女孩的数量比是多少?

注:此题假设该国的父母每次只生育一个孩子,
且生育男孩和女孩的概率分别为50%。

第 2 章　只有具备批判性思维能力的人才能答出的问题

> **解说** 这道题非常有名，曾多次出现在谷歌等多家知名企业的招聘考试中。

简化思维

首先需要意识到，这个问题设置的是每个家庭最终都会有 1 个女孩。也就是说，女孩总数量永远不会超过这个国家家庭的总数量。那么，该如何思考女孩的数量呢？

我们首先试着来把问题简化。假设这个国家的家庭总数量是 16 个，再将 16 位母亲聚集在一起，对她们说：

"第 1 胎是男孩的人，请举手。"

因为生男生女的概率各为 50%，所以会有一半人，也就是 8 位母亲举手。接下来，再对她们说：

"刚才举手的人中，第 2 胎是女孩的人请把手放下。"

因为第 2 胎的性别概率也是 50%，所以有一半人，也就是 4 个人会因为第 2 胎是女孩而放下手。

用图表进行推理

如果仅靠文字难以理解,可以将其转化为图表的形式,重复上述推理过程,就会形成如下表格。

●=男孩　　○=女孩

	1	2	3	4	5	6	7	8	9	10	11	12	13	14	15	16
第1胎	○	○	○	○	○	○	○	○	●	●	●	●	●	●	●	●
第2胎									○	○	○	○	●	●	●	●
第3胎													○	○	●	●
第4胎															○	●

我们先来看第 1 胎的男女情况,数量完全相等。再看第 2 胎的情况,结果男孩和女孩的数量仍是相等的。总结下来就是,尽管有的家庭一直没能生出女孩,但也有很快就生出女孩的家庭,因此最终女孩和男孩的数量比相等。

答案 | 该国男孩和女孩的数量比是1:1。

总结

如果只看到"每个家庭最多只能有 1 个女孩"和"生男孩没有限制"这两个条件,仅凭直觉思考,是很容易出错的。但如果用图表来辅助思考,就能迅速揭示真相。

用图表来辅助思考,是消除思维定式和先入为主的观念的最佳方法之一。

批判性思维 8

能否识破数字的陷阱？

难易度 ★★★☆☆

不可思议的加薪

上司提供了 2 种加薪方案供你选择：

方案A是每年加薪一次，每次加10万日元，每年一次性支付一年的薪水；

方案B是每半年加薪一次，每次加薪 3 万日元，每半年一次性支付半年的薪水。

+10万 A

+3万 B

你认为选择哪个方案对自己更有利？

验证"加薪速度"

为了便于计算，我们先假设你的年薪是 1000 万日元。如果选择方案 A，则公司每年会一次性支付你一年的薪水。如果选择方案 B，则公司每半年会一次性支付你半年的薪水。

我们先来验证一下两个方案在 3 年内分别支付的薪水总额，结果如下。

选择方案 A：
第 1 年：1000 万日元
第 2 年：1010 万日元
第 3 年：1020 万日元
3 年薪水合计：3030 万日元

选择方案 B：
第 1 年：500 万日元 +503 万日元 =1003 万日元
第 2 年：506 万日元 +509 万日元 =1015 万日元
第 3 年：512 万日元 +515 万日元 =1027 万日元
3 年薪水合计：3045 万日元

多么令人惊讶，方案 B 的年薪在 1 年后就超过了方案 A，而且两者的差距会越来越大。为什么会这样呢？原因就在于，方案 B 的加薪速度更快。

对比支付金额

如果按年来分析支付金额的话,我们会发现,方案 A 在 1 年内增加了 10 万日元,而方案 B 在 1 年内增加了 12 万日元。只要将 1 年分为上半年和下半年来考虑,就会发现,方案 A 中:

今年的薪水 =(1 年前上半年薪水 +1 年前下半年薪水)+10 万日元

再看看相应的 B 方案:

今年的薪水 =(1 年前上半年薪水 +6 万日元)+(1 年前下半年薪水 + 6 万日元)

如图表所示:

方案A(1年加薪1次,每次加10万日元)

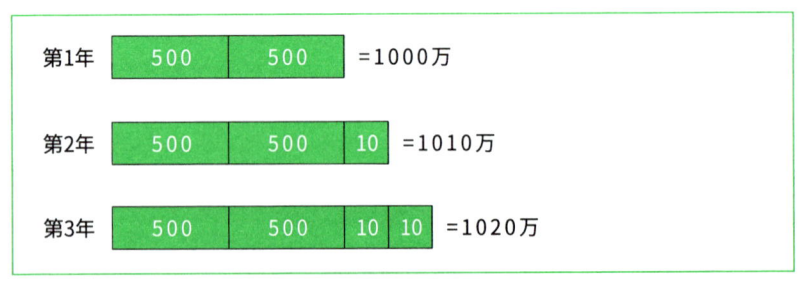

第1年	500	500			=1000万
第2年	500	500	10		=1010万
第3年	500	500	10	10	=1020万

方案B（半年加薪1次，每次加3万日元）

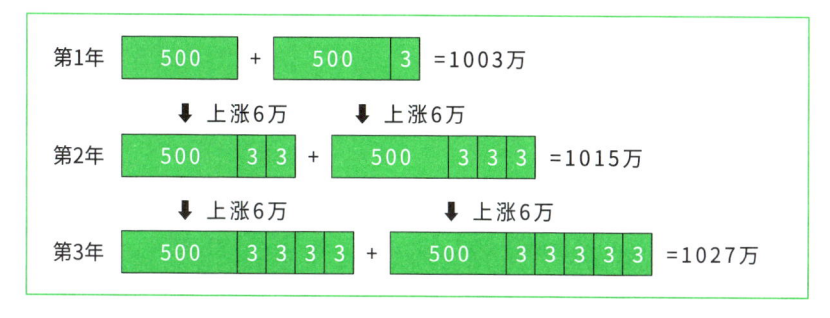

第1年　500 + 500 3 =1003万

↓上涨6万　　↓上涨6万

第2年　500 3 3 + 500 3 3 3 =1015万

↓上涨6万　　↓上涨6万

第3年　500 3 3 3 3 + 500 3 3 3 3 3 =1027万

看到方案 B 时，很多人误认为"每半年加薪 3 万日元，一年才加了 6 万日元"，但实际到手的薪水比上一年增加了 12 万日元。

答案 ｜ 选择方案B对你更有利。

总结

的确，这道题暗藏着精心设计的数字陷阱，表面上看似合乎逻辑，实则难以察觉其中的问题。未来如果遇到类似的加薪机会，可千万不要选错啊！

批判性思维 9

能否识破概率的陷阱？

难易度 ★★★☆☆

装白球的盒子

盒子里原来有一个黑球或白球，向这个盒子里追加一个白球并摇匀后，从盒子中取出一个球，结果是白色的。

现在要猜出盒子里剩下的球的颜色，
你觉得是哪种颜色呢，是这种颜色的概率有多少呢？

似乎概率各占一半？

盒子里原有一个球，颜色是黑色或白色。向这个盒子里追加一个白球，从盒子中取出了一个球，结果是白色的。

这意味着：盒子里剩下的球可能是黑色，也可能是白色。很多人因此就会推断盒子中剩下白球的概率是 50%。但事实并非如此。

逻辑思维的极致概率

在正式讲解之前，让我们先回顾一下概率的概念。在商业决策和日常活动（比如演示讲解、审批汇报等）中，概率常被用作判断和决策的依据。其计算方式如下：

概率 = 某种情况发生的次数 ÷ 所有可能情况的总数

例如，掷骰子时，掷出 1 点的概率是 "1÷6=1/6"。

回看本题，假设我们要计算盒子里剩下的是白球的概率：

剩下的球是白色的概率 = 剩下的球是白色这种情况的数量 ÷ 剩下的球是任意颜色的所有可能情况的数量

确认所有可能性

现在，让我们试着从题目所给的条件中找出所有可能发生的情况。因为我们追加了一个白球并将其取出，所以如果忽略追加的白球，可能发生的情况是：盒子里剩下的球是白色或黑色。

只有这两种情况吗？并不是，我们还需要考虑一个关键点，那就是取出的是原来就在盒子里的白球，还是后来追加的白球。如果忽略了这一点，就无法得出正确的概率。

将原来就在盒子里的球设为"白1"或者"黑"，将追加的白球设为"白2"。

根据题目给出的条件，可能产生的组合模式如下：

	原来就在盒子里的球	追加的球	取出的球		盒子里剩下的球
模式A	白1	白2	白1	▶	白2
模式B	白1	白2	白2	▶	白1
模式C	黑	白2	白2	▶	黑

对于模式A，最后盒子里剩下的是"白2"；

对于模式B，最后盒子里剩下的是"白1"。

也就是说，一共有3种可能的情况，其中有2种情况是"盒子里剩下的是白球"。因此，盒子里剩下的是白球的概率是2/3（约66.7%）。

把问题复杂化的原因

最初盒子里球的颜色是白色的概率为 50%，黑色的概率为 50%。即使后来追加了一个球，盒子里的球是白 1 和白 2 的概率仍是 50%，黑色和白 2 的概率也仍是 50%。

但是接下来，从盒子中取出的球是白色的这种情况就有点不好理解了。

虽然盒子里球的颜色只有 2 种，但是从中取出白球的情况却有 3 种。要想计算出正确的概率，就一定要以 3 种取出模式为核心进行考虑。

答案 | 有约 66.7% 的概率是白色的球。

总结

概率是一种衡量不确定事件发生可能性的工具，但人们的直觉往往无法准确把握它的真实含义。然而，由于概率的数据看起来具有权威性，人们容易对其产生信任，从而忽略其中可能存在的误导。正因如此，概率不仅用于科学分析，也可能被滥用为误导甚至欺骗的手段，制造出貌似合理的假象。

因此，我们必须保持警惕，仔细辨别概率的真实性。比如，在这道题中，需要特别关注盒子里球的颜色分布以及取球的方式，以确保概率计算的合理性，而不被表面的数字所误导。

批判性思维 10

能否发现隐藏的可能性？

难易度 ★★★☆

3张卡片

在你面前有 3 张卡片：

第 1 张卡片两面都是黑色。
第 2 张卡片两面都是白色。
第 3 张卡片一面是黑色，另一面是白色。

将 3 张卡片放进盒子里，然后随机取出 1 张卡片，发现这张卡片的其中一面为白色。

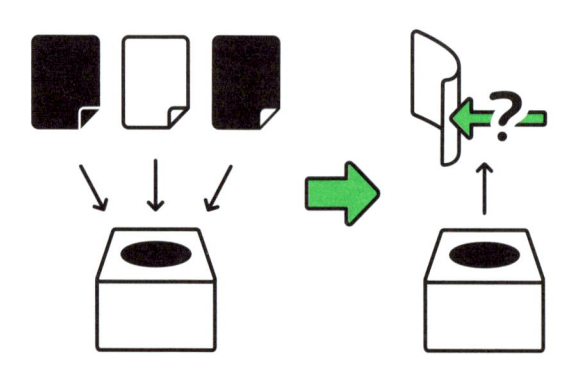

这张卡片的另一面也是白色的概率是多少？

被漏掉的组合

许多人误以为，如果卡片的一面是白色，那么这张卡片只能是"白白"或"黑白"组合卡片之一，因此"白白"卡片的概率是 50%。然而，这种推理存在一个漏洞。让我们分析所有可能的组合，结果如下：

	第1张卡片	第2张卡片	第3张卡片
一面的颜色	黑	白	黑
另一面的颜色	黑	白	白

抽出的卡片是一张"有一面是白色"的卡片。但需要注意的是，每张卡片并没有固定的正反面。也就是说，抽到的卡片有一面是白色的可能性应该有 3 种：第 2 张卡片的任意一面及第 3 张卡片白色的一面。

抽中的卡片可能是第 2 张或第 3 张卡片，看似各占 50% 概率。但实际上，白色面可能出现的情况有 3 种，其中另一面是白色的情况有 2 种，因此正确的概率应为 2/3（约 66.7%）。

答案 | 约66.7%

总结

运用批判性思维解题，不仅要验证直觉上显而易见的事实，还要警惕可能遗漏的因素，确保考虑到所有可能的情况。

批判性思维 11

能否考虑到所有情况?

难易度 ★★★★☆

25匹赛马

一共有25匹赛马,
你需要通过比赛找出速度最快的 3 匹马。
然而,每场比赛最多只能安排 5 匹马参赛。
由于无法测量具体时间,只能通过目测判断,
如"A比B快"。

那么要想找到速度最快的 3 匹马,
最少需要进行多少场比赛呢?

找出淘汰的马

这个问题的关键不在于直接找到"最快的马",而是通过逐步筛选,确定"被淘汰的马"。

首先,将 25 匹马分成 5 组,每组 5 匹进行比赛,这个思路是正确的。这样可以确定 A、B、C、D、E 这 5 组中,每组内部的排名情况,如下所示:

- A1 A2 A3 A4 A5
- B1 B2 B3 B4 B5
- C1 C2 C3 C4 C5
- D1 D2 D3 D4 D5
- E1 E2 E3 E4 E5

字母后面的数字,代表该组内的排名。这样,5 次比赛结束后的各组排名就很清晰了。此时,每组的第 4 名和第 5 名都不可能成为"25 匹马中的前 3 名",因为同组中已经有比自己速度快的 3 匹马了。所以有 10 匹马会被淘汰。

第1名也可能输给第3名

各组第 4 名和第 5 名被淘汰后,还剩下以下 15 匹马:

- A1　A2　A3
- B1　B2　B3
- C1　C2　C3
- D1　D2　D3
- E1　E2　E3

从这里开始有点棘手了。可能有人认为，让每组第 1 名的马进行比赛，再选出前 3 名就可以了。但是，这样选出的 3 匹马，并不一定是 25 匹中速度最快的前 3 名。因为速度快的马有可能集中在同一个组里。

这种可能性不容忽视。比如，在 A 组的前 3 名已经确定的情况下，A1、A2、A3 也是所有马匹中前 3 名的可能性同样存在。因此，如果只让 A 到 E 组的第 1 名之间再进行一轮比赛的话，就会忽略掉"A2 和 A3 其实是全体马匹中的第 2 名和第 3 名"这种可能性。

但是，如果逐一进行"第 1 名之间的比赛""第 2 名之间的比赛""第 3 名之间的比赛"，只会无谓地增加比赛次数。

是否有更好的方法呢？

先让第1名进行比赛

的确有一个更好的方法，那就是让每组排名第 1 的马进行第 6 场比赛。

假设比赛的结果为：

第 1 名：A1

第 2 名：B1

第 3 名：C1

第 4 名：D1

第 5 名：E1

这时，至少可以确定 D1 和 E1 不能进入"全体的前 3 名"。同时，D 组和 E 组的第 2 名和第 3 名因为比 D1 和 E1 的速度慢，也可以确定不能进入"全体的前 3 名"。这样，就又有 6 匹马被淘汰了。

不比赛也可以确定的淘汰者

此时尚在候选名单上的是以下 9 匹马：

- A1　A2　A3
- B1　B2　B3
- C1　C2　C3

通过分析，可以确定 C2 和 C3 也不可能进入"全体的前 3 名"。因为目前至少有 C1、B1、A1 这 3 匹马的速度比它们快。

同理，B3 也没有机会，因为至少可以确定 B2、B1、A1 这 3 匹马比它的速度快。所以，在无须比赛的情况下，就又有 3 匹马被淘汰了。

综上所述，在 6 场比赛结束后，候选名单上还剩下如下 6 匹马：

- A1 A2 A3
- B1 B2
- C1

因为 A1 在 A 组中是第 1 名，而且在与其他各组的第 1 名进行比赛时也是第 1 名，所以，即便 A1 不参加比赛我们也知道，它是 25 匹马中速度最快的。因此，只需要让 A1 以外的 5 匹马进行第 7 场比赛就可以了。A1 和第 7 场比赛中的第 1 名和第 2 名将成为所有马匹中速度最快的前 3 名。

答案 | 7次

总结

在实际比赛中，即使选手在第一轮比赛中落败，也并不意味着他实力不足。试想，如果总排名第 1 和第 2 的选手恰好在首轮相遇，其中一人必然会输掉比赛，但这并不影响他的真实水平。理解这种可能性，就不会轻易得出"6 次"这个错误答案。

能否识破隐藏在证明中的陷阱？

批判性思维

12

难易度 ★★★☆

4张卡片

在你面前有 4 张卡片，
分别写着"E""R""2""9"，
且每张卡片都有一面是字母，
一面是数字。

现在想要确认"元音（A、E、I、O、U）卡片的另一面一定是偶数"这一规律是否成立，在只能翻开 2 张卡片的情况下，

应该选择哪2张呢？

第 2 章　只有具备批判性思维能力的人才能答出的问题

解说 这又是一道关于卡片的问题，但这次不是概率问题，而更像是纯粹的逻辑能力测试题，并需要进行一定的思维转换。

仅凭直觉回答的情况

许多人可能认为，要确认"元音卡片的另一面一定是偶数"是否成立，翻开卡片 E 是必然的。

同时，不少人会觉得翻开卡片 2，看看它的另一面是不是元音，也能证明规则是否成立。然而，这种想法是错误的，因为它忽略了卡片 9 符合规则的可能性——即使卡片 2 的背面是元音，如果卡片 9 的背面也是元音，那么规则依然可能被推翻。

发现规律的陷阱

这道题的关键在于验证"元音卡片的另一面一定是偶数"这一规律是否成立。但需要注意的是，即使这一规律成立，也不代表"偶数卡片的另一面一定是元音"。换句话说，就算偶数卡片的另一面是辅音，也不会影响"元音卡片的另一面一定是偶数"这一规律的正确性。所以，偶数卡片的另一面是元音还是辅音无关紧要。

第2张需要确认的是卡片9

反之，奇数卡片的另一面一定是辅音。如果翻开奇数卡片，发现另一面是元音，那么"元音卡片的另一面一定是偶数"的规律就会被打破。因此，应该翻开确认的是卡片9。综上所述，通过翻开卡片E和9，就可以确定这4张卡片是否符合规律。

答案 卡片E和卡片9

总结

这道题与前面的题目有所不同，它是一道关于逻辑证明的问题，源自认知心理学家彼得·沃森（Peter Wason）设计的"沃森4卡片选择任务"。这道题刚提出时，解答正确率甚至不到10%，足见其挑战性。

事实上，如果学过高中数学中的逻辑推理，其中的逆否命题可以帮助理解这道题的逻辑：如果命题"若A则B"成立，那么它的逆否命题"若非B则非A"同样成立。比如，"人类是动物"这个命题成立，那么"不是动物的一定不是人类"也同样成立。

很多人在学生时代可能都会疑惑：为什么要学习这些看似晦涩的知识？但事实上，那些曾被忽视的逻辑法则，往往在我们面对复杂问题时成为解开难题的关键。这正是知识的力量——它的价值或许不会立刻显现，但终有一天会成为思维的利器。

批判性思维 13

能否识破精心设计的圈套？

难易度 ★★★★★

三足鼎立的竞选

A、B、C 3 人参加选举,获得的票数完全相同。
于是,选举方决定重新投票,
并要求投票者选出自己心目中的第 2 候选人。
然而,即使加上第 2 轮的得票,
3 人的票数仍然相同,依旧无法决出胜负。
由于总投票人数是奇数,A意识到如果采用两两对决的方式,
最终一定能分出胜负。于是,他提议先在B和C之间进行一轮
投票,胜者再与自己最终对决。
然而,B对此提出反对意见,认为在这样的赛制下,
A比B和C拥有更高的获胜概率。

你认同B的看法吗?

梳理整体情况

因为具体情况比较复杂，所以我们先梳理一下已知信息。

首先，从题目得知"A、B、C 3 人参加竞选，获得的票数完全相同"。也就是说，A 得到了 1/3 的票数，B 得到了 1/3 的票数，C 也得到了 1/3 的票数。这说明总票数是可以被 3 整除的，即参与投票的总人数是 3 的倍数。

其次，投票进行了 2 轮，投票人在给第 1 候选人投票后，也给第 2 候选人投票了。而如题目所说，3 人得票依然相同。

我们假设投票者一共有 9 人，他们对第 1 候选人和第 2 候选人的投票情况汇总如下：

投票者	1	2	3	4	5	6	7	8	9	
第1候选人	A	A	B	B	B	C	C	C		→A:3 票　B:3 票　C:3 票
第2候选人	B	B	C	C	C	A	A	A	B	→A:3 票　B:3 票　C:3 票

根据已知条件"总投票人数是奇数"，可知投票的人数不会是 2 的倍数。再结合刚才确定的"参与投票者总人数是 3 的倍数"，可以得知总的投票人数可能为 3 人、9 人、15 人、21 人……

B和C之间的投票结果

由于总的投票人数是奇数，当候选者为 2 人时，肯定有 1 人的票数更多。所以 A 才提出进行两两竞选以分出胜负。但是，为什么 A 的提案会被认为是不公平的呢？

我们还是假设总的投票人数为 9 人，再看之前那张表格：

投票者	A的支持者			B的支持者			C的支持者		
	1	2	3	4	5	6	7	8	9
第1候选人	A	A	A	B	B	B	C	C	C
第2候选人	B	B	C	C	C	A	A	A	B

→A:3票 B:3票 C:3票
→A:3票 B:3票 C:3票

分别选择 A、B、C 作为第 1 候选人的投票者各有 3 人，我们把他们称为"A 的支持者""B 的支持者""C 的支持者"。同时，分别选择 A、B、C 作为第 2 候选人的投票者也各有 3 人。在这种情况下，如果按照 A 的提议，"先在 B 和 C 之间进行投票"，会发生什么呢？

B 的支持者和 C 的支持者肯定会分别投给 B 和 C。关键在于 A 的支持者也会参与此轮投票。但由于 A 并不在此轮候选人之列，所以 A 的支持者会将票投给他们的第 2 候选人，也就是 B 会获得 2 票、C 1 票。结果 B 总共得到 5 票，C 总共得到 4 票，B 获胜。

投票者	A的支持者			B的支持者			C的支持者		
	1	2	3	4	5	6	7	8	9
第1候选人	A	A	A	B	B	B	C	C	C
第2候选人	B	B	C	C	C	A	A	A	B

→B:5票　C:4票

A和B之间的投票结果

我们再分析一下 B 胜出后与 A 竞选的结果。

同样，A 的支持者和 B 的支持者肯定会分别投给 A 和 B，因为 C 并不参与本轮竞选，所以 C 的支持者会把票投给 A 或 B。最终 A 获得 5 票，B 获得 4 票，A 获得了最后的胜利。

投票者	A的支持者			B的支持者			C的支持者		
	1	2	3	4	5	6	7	8	9
第1候选人	A	A	A	B	B	B	C	C	C
第2候选人	B	B	C	C	C	A	A	A	B

→A:5票　B:4票

这个结果的确如 B 所说，是对 A 有利的。不过，它会不会是因为我们的假设而偶然出现的呢？C 的支持者在选择第 2 候选人时，不一定选择 A 多于选择 B 吧？

但事实上，C 的支持者在选择第 2 候选人时，一定是选择 A 多于选择 B。这就是这道题目中最大的陷阱，也是最有趣的地方。

B绝无可能获胜吗？

试想一下，如果 C 的支持者在选择第 2 候选人时"选择 B 多于选择 A"：

投票者	A的支持者			B的支持者			C的支持者		
	1	2	3	4	5	6	7	8	9
第1候选人	A	A	A	B	B	B	C	C	C
第2候选人	B	B	C	C	C	A	A	B	B

→A:4 票　B:5 票

也就是说 A 为 4 票，B 为 5 票，B 获胜。但是，在这种情况下，如果统计 9 人选择的第 2 候选人，结果就会变成：

A:2 票　B:4 票　C:3 票

这与"对第 2 候选人进行投票后 3 人的票数仍然相同"的已知条件相矛盾，所以这种情况不可能出现。

那么，如果维持"C 的支持者在选择第 2 候选人时，选择 B 多于选择 A"的假设不变，满足"对第 2 候选人进行投票后 3 人的票数仍然相同"这个已知条件的情况，还可以是这样的：

投票者	A的支持者			B的支持者			C的支持者		
	1	2	3	4	5	6	7	8	9
第1候选人	A	A	A	B	B	B	C	C	C
第2候选人	B	C	C	C	A	A	A	B	B

→A:4票　B:5票

在这种情况下,第 2 候选人的票数分别是:

A:3 票　B:3 票　C:3 票

虽然这样与前提就不矛盾了,但又出现了一个问题。

这时,在第 1 轮的"B 和 C 的竞选"中,B 会落选。因为此时 A 的支持者在选择第 2 候选人时,选择 C 的多于选择 B 的。

投票者	A的支持者			B的支持者			C的支持者		
	1	2	3	4	5	6	7	8	9
第1候选人	A	A	A	B	B	B	C	C	C
第2候选人	B	C	C	C	A	A	A	B	B

→B:4票　C:5票

所以第 1 轮投票的结果就变成了 C 是获胜者。即便如此,在第 2 轮 A 和 C 的竞选中,C 也注定会落选。

投票者	A的支持者			B的支持者			C的支持者			
	1	2	3	4	5	6	7	8	9	
第1候选人	A	A	A	B	B	B	C	C	C	→A:5票 C:4票
第2候选人	B	C	C	C	A	A	A	B	B	

总而言之，如果按照 A 的建议去投票，无论怎样都是 A 获胜。

A 必胜的原因

为什么 A 一定会获胜？因为在第 1 轮投票时，B 和 C 中获胜的人一定会在第 2 轮投票时落选。让我们回到最初的设定，站在 B 的角度来思考一下。

投票者	A的支持者			B的支持者			C的支持者			
	1	2	3	4	5	6	7	8	9	
第1候选人	A	A	A	B	B	B	C	C	C	→A:3票 B:3票 C:3票
第2候选人	B	B	C	C	C	A	A	A	B	→A:3票 B:3票 C:3票

将 B 作为第 2 候选人的投票者共有 3 人，他们分别是 A 和 C 的支持者。在目前设定的情况下，选择 B 作为第 2 候选人的是"A 的支持者 2 人：C 的支持者 1 人"。其他可能的组合分别简写为"A0：C3""A1：C2"和"A3：C0"。

如果 A 的支持者中超过半数都选择 B 作为第 2 候选人，那么 C 的支持者中选择 B 作为第 2 候选人的就不能超过半数。

如果 C 的支持者中超过半数都选择 B 作为第 2 候选人，那么 A 的支持者中选择 B 作为第 2 候选人的就不能超过半数。

如果 A 和 C 的支持者中选择 B 作为第 2 候选人的均超过了半数，那么选择 B 作为第 2 候选人的人数就会超过投票总人数的三分之一，这与"对第 2 候选人进行投票后 3 人的票数也完全相同"的前提矛盾。

因此，当 B 和 C 进行第 1 轮竞选时，如果 A 的支持者中超过半数都选择 B 作为第 2 候选人，B 将在第 1 轮获胜。那么在接下来 A 和 B 的第 2 轮竞选中，C 的支持者中选择 B 作为第 2 候选人的人数将不可能超过半数。也就是说：

在第 1 轮竞选中获胜的人，在第 2 轮竞选中一定会落选。

答案 ｜ B说的没错，A一定会获胜。

总结

这个世界并不总是纯粹透明的，想要避免被误导或受到伤害，培养批判性思维至关重要。这道题最初来自数学家埃胡德·弗里德古特（Ehud Friedgut）的教案，它提醒我们，许多问题在出现平局后，解决方式往往比想象中更加复杂。同时，它也让我们意识到，看似公平的投票和表决，实际上可能隐藏着不公正的因素。因此，我们必须保持审慎思考。

批判性思维 14

是否敢于怀疑一切?

难易度 ★★★★★ + ★★

"老实人"与谎言岛

在一座岛上,生活着4种类型的人:
"老实人"总是说真话。
"假老实人"虽然也说真话,但当自己是犯人时,
就会撒谎说"我是无辜的"。
"骗子"总是说假话。
"正义的骗子"虽然也说假话,但当自己是犯人时,
会承认"我是犯人"。

一天,岛上发生了布丁被偷吃案件,据目击者称,犯人只有1人,当时有作案嫌疑的A、B、C的供述如下:

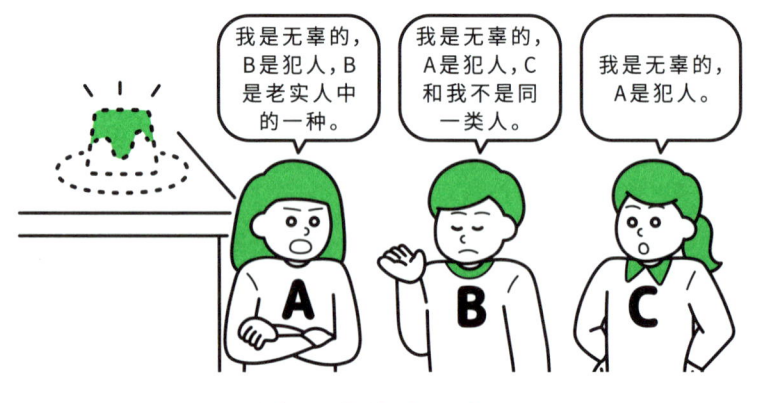

A:我是无辜的,B是犯人,B是老实人中的一种。
B:我是无辜的,A是犯人,C和我不是同一类人。
C:我是无辜的,A是犯人。

到底是谁偷吃了布丁?

分析最麻烦的2类人

"说真话与说假话"的问题在前文也出现过。解决这类问题的基本策略是先假设 A 的发言是真话，再确认其他人的发言是否与之矛盾，然后逐一进行假设和思考。本题中，我们先分析 A 作为"老实人""假老实人""骗子"和"正义的骗子"时的不同情况。

与前文问题的不同之处在于，这道题中有两种特殊人群——"假老实人"和"正义的骗子"，他们的存在让解题过程产生了很多变数。

首先，我们要思考一下他们的存在意味着什么，并整理出他们分别是犯人和非犯人时的发言：

- "假老实人"
自己是犯人时说"我是无辜的"。
自己不是犯人时也说"我是无辜的"。

- "正义的骗子"
自己是犯人时说"我是犯人"。
自己不是犯人时也说"我是犯人"。

也就是说，这 2 种人群在被质问时，无论自己是不是犯人，回答都是一样的。这揭示了一个规律：

"假老实人"永远不会说"我是犯人"。
"正义的骗子"永远不会说"我是无辜的"。

所以，说出"我是无辜的"这个人，一定不是"正义的骗子"。

接下来，我们看看问题陈述，A、B、C 3人都说"我是无辜的"，因此，可以确定这3人都不是"正义的骗子"。

假设A是"老实人"

接下来，我们分别看看 A 是另外 3 种类型之人的情况。首先假设 A 是"老实人"。

A：我是无辜的，B是犯人，B是"老实人"中的一种。

如果这个发言是真实的，说明 B 是犯人，且是"老实人"中的一种。那么再看看 B 的发言：

B：我是无辜的，A是犯人，C和我不是同一类人。

作为"老实人"中的一种，B 说"A 是犯人"是真话，这与 A 说"我是无辜的"矛盾。因此，A 是"老实人"这种可能性不存在。

假设A是"假老实人"

接下来，假设 A 是"假老实人"。

A：我是无辜的，B 是犯人，B 是"老实人"中的一种。

如果 A 真的是无辜的，那么就和刚才的假设一样，同样与 B 的发言矛盾。那么，A 会不会其实是犯人，但只在这件事上说谎呢？由于 A 说"B 是犯人"，那么犯人就变成了 A 和 B 2 人，这与目击者说"犯人只有一个人"矛盾。因此，A 作为"假老实人"的假设也不成立。

假设A是"骗子"

由于 A 并非"老实人"中的一种，而且通过前面的分析已知，A、B、C 这 3 人中并没有"正义的骗子"。也就是说，A 只能是"骗子"。在这种情况下，从 A 的发言中能得出什么结论呢？

因为 A 的发言已经确定全都是假话，说明 A 是犯人，B 是无辜的，B 不是"老实人"中的一种，而且已知 3 人中没有"正义的骗子"，所以 B 也是"骗子"。这样就推导出 B 的"我是无辜的"这句发言也是假话，说明 B 是犯人。但这又将导致罪犯变成了 A 和 B 2 人。因此，这种可能性也是不存在的。

精心设计的陷阱

难道此题无解？让我们重新认真审题，从题目的内容开始再思考一遍。

"老实人"总是说真话。"假老实人"虽然也总是说真话，但当自己是犯人时，就会撒谎说"我是无辜的"。"骗子"总是说假话。"正义的骗子"虽然也总是说假话，但当自己是犯人时，会承认"我是犯人"。

一天，岛上发生了布丁被偷吃案件，目击者称犯人只有 1 人。

到底是谁偷吃了布丁？

关于 4 种类型的描述没有任何可疑之处，令人在意的是这句话：

目击者称犯人只有 1 人。

这个岛上有 4 种类型的人，而且案件是在这个岛上发生的……原来如此！目击者也是这个岛上的人，也就是说：

目击者也可能是"骗子"。

因此"犯人只有 1 人"这个信息不一定是真的。更确切地说，以"犯人只有 1 人"为前提的逻辑矛盾很可能也不存在，因为这个前提本身很可能就是假的。由于这个案件的目击者说了谎，说明犯人并不是 1 人，可能是 0 人、2 人或 3 人。原来如此！我们完全被骗了。

分析犯人的数量

既然原有的大前提已不复存在，我们又回到了起点。此时，唯一的选择就是振作起来，继续思考。

接下来，我们先对"犯人的数量"逐一假设并进行分析。

首先，假设"根本没有犯人"的情况存在。虽然这将完全颠覆前提条件，但这种敢于怀疑一切的态度对于解开题目非常重要。

在这种假设下，A、B、C 都是无辜的。但这样就导致 3 人所说的"我是无辜的"这句话为真，而他们同时又都说"某某是犯人"。那么，无论谁是"老实人"，谁是骗子，至少有 1 人应该是犯人。

因此，犯人肯定存在，不可能没有。

假设3人都是犯人

接下来，让我们假设"3人都是犯人"。在这种情况下，因为A、B、C都说"我是无辜的"，所以3人的身份只能是"假老实人"或"骗子"。

那么A说"B是犯人"就变成了真话，所以推导出A是"只在自己是犯人时才说谎"的"假老实人"，从而说明A所说的"B是'老实人'中的一种"这句话是真的，B的真实身份就是"假老实人"。进而推导出B所说的"C和我不是同一类人"的发言也是真实的，因此C是"骗子"。

但是，应该只说假话的C此时却说出了"A是犯人"这一真相，与前提条件产生了矛盾。因此，"3人都是犯人"这种情况是不可能发生的。

所以，犯人既不是1人，也不是0人，也不是3人。现在真相大白了，犯人只能是2人。至此，我们终于可以开始真正的验证了。

再次假设A是"老实人"

首先还是看一下A是"老实人"的情况。

A：我是无辜的，B是犯人，B是"老实人"中的一种。

B：我是无辜的，A是犯人，C和我不是同一类人。
C：我是无辜的，A是犯人。

根据 A 的发言，可以确定"A 是无辜的""B 是犯人""B 是老实人中的一种"。但 B 却称无辜的 A 是犯人，说了假话。这与从 A 的发言中推导出的"B 是老实人中的一种"这个事实矛盾。因此，即使在有 2 名犯人的前提下，这种可能性也不存在。

再次假设A是"假老实人"

再看一下 A 是"假老实人"的情况：

A：我是无辜的，B是犯人，B是"老实人"中的一种。
B：我是无辜的，A是犯人，C和我不是同一类人。
C：我是无辜的，A是犯人。

和第 1 次验证时一样，如果 A 是无辜的，就会出现和 A 是"老实人"时同样的矛盾。因此，我们将考虑 A 是犯人，但只在这件事上说谎的情况。

根据 A 的发言，可以确定"A 是犯人""B 是犯人""B 是老实人中的一种"。因为犯人是 2 人，这几条都没问题，但 B 作为犯人，却说"我是无辜的"，说明 B 不是"老实人"，而是"假老实人"。同时，B 说"C 和我不是同一类人"，意味着 C 的身份只能是"老实人"或"骗子"。

C 的发言中，"我是无辜的"和"A 是犯人"这两句话都是真的，所以可以确定 C 是"老实人"。至此，我们终于找到了一个没有矛盾的模式。

A："犯人 & "假老实人"

B："犯人 & "假老实人"

C："不是犯人 & "老实人"

如果没有其他的可能性，说明这就是正确答案。

再次假设A是"骗子"

最后我们看一下 A 是 "骗子" 的情况：

A：我是无辜的，B 是犯人，B 是 "老实人" 中的一种。

B：我是无辜的，A 是犯人，C 和我不是同一类人。

C：我是无辜的，A 是犯人。

如果 A 的发言是假话，说明 "A 是犯人" "B 是无辜的" "B 不是老实人中的一种"。实际上 B 诚实地说了 "我是无辜的"，但如果按照 A 的发言，B 不是 "老实人" 中的一种，那么就会产生矛盾。因此，这种可能性也是不存在的。

唯一可能的情况就是 A 是 "假老实人"，并且通过发言可以确定 A 和 B 是偷吃布丁的犯人。

答案 | 偷吃布丁的是A和B。

总结

"如果结果很奇怪，就怀疑前提"，这是批判性思维的基本原则，而这道题恰到好处地诠释了这一点。能凭借独立思考找出正确答案的人，想必会有满满的成就感吧。

"假老实人"A和B一边撒谎自称无辜，一边又互相指认对方是犯人，这一幕不仅荒诞至极，更充满了讽刺意味！

第 3 章

只有具备横向思维能力的人才能答出的问题

在积累经验和学习知识的过程中，
许多人往往会不自觉地陷入既定的思维框架。
而横向思维则摆脱了固有观念和常规模式的限制，
使思维更加灵活，能够激发更大的创造力。

横向思维，
是指从完全不同的角度审视问题的思维方式，
例如，下雨时我们通常会想到"打伞"，
但如果换个角度，或许还能找到其他防雨方法。
这种思维方式能帮助我们跳脱固有模式，发现更多可能性。

传统的逻辑思维遵循"事实→分析→判断"的纵向思维过程，
而本章将聚焦于"是否还有其他解决方案"的横向思维探索。
接下来，我将分享13道需要运用横向思维能力来解决的题目。

能否摒弃先入为主的观念？

横向思维 1

难易度 ★☆☆☆☆

2炷香

这里有 2 炷香，每炷香都刚好会在 1 小时后燃尽。

香燃烧的速度并不均匀，
90%的部分可能在10分钟内就燃烧完毕，
但剩下的10%可能需要50分钟才能燃尽。

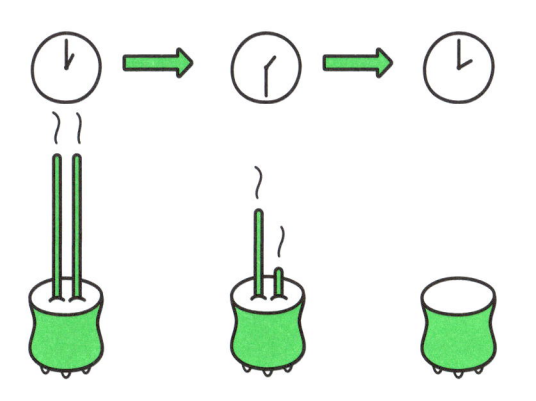

现在想通过这 2 炷香来计时45分钟。

该怎么做呢？

注：图中香的燃烧速度仅作示意参考。

第 3 章　只有具备横向思维能力的人才能答出的问题

计时30分钟

如何利用燃烧时间为 1 小时的香来测量不同的时间呢？实现这一点的关键在于同时点燃香的两端。这样一来，燃烧速度加倍，当香完全燃尽时，刚好过去 30 分钟。

具体步骤如下：

点燃第一炷香的两端，同时点燃第二炷香的一端。

由于第一炷香从两端燃烧，它会在 30 分钟内燃尽。此时，第二炷香也已经燃烧了 30 分钟，还剩下 30 分钟的部分。

计时15分钟

通过从两端同时点燃一炷 1 小时才能燃尽的香，我们已经测量出了 30 分钟。与此同时，第 2 炷香仍在燃烧，且还剩 30 分钟的燃烧时间。

距离 45 分钟还剩 15 分钟，而我们只需完成最后一步：将正在燃烧的第 2 炷香的另一端点燃，使其成为两端都点燃的状态。这样，第 2 炷香将在 15 分钟内燃尽。在刚开始的 30 分钟里，第 1 炷香燃尽，接下来的 15 分钟里，第 2 炷香燃尽。通过这几个步骤，就可以准确地计时 45 分钟。

答案 | 点燃第1炷香的两端和第2炷香的一端。当第1炷香燃尽时,点燃第2炷香的另一端。当第2炷香燃尽时,正好是45分钟。

总结

　　横向思维的最大障碍往往是那些先入为主的观念。在解这道题时,你是否突破了"香只能从一端点燃"的思维定式,并成功找到了解决方案呢?

　　事实上,横向思维在很大程度上依赖于灵感、创造力和想象力。我们可以有意识地打破那些束缚思维的固有观念,释放更多可能性,从而找到解决问题的关键线索。

横向思维 2

能否灵活思考问题？

难易度 ★☆☆☆☆

熊的颜色

一位学者在野外搭帐篷，突然遇到一只熊。他惊慌逃跑，先是向南跑了10公里，又向东跑了10公里，最后还向北跑了10公里。
这时候，他发现自己回到了自己原先搭帐篷的位置。

请问学者遇到的那头熊是什么颜色的？

解说 先后向南、向东、向北跑了 10 公里，最终竟然回到了原来的位置。乍一看，这个问题似乎有些不对劲，甚至让人怀疑是不是排版错误。但请放心，这既不是印刷错误，题目本身的表述也完全没有问题。

正因为如此，才让人更加困惑——问题没有漏洞，但为什么看起来不合常理？更奇怪的是，最后突然问熊的颜色，这到底该从哪个角度来思考呢？

充满谜团的问题表述

按照题目中所说的移动方式，学者本应停在距离帐篷东侧 10 公里的位置。但奇怪的是，他却回到了原来搭帐篷的地方。

先别急着思考熊的颜色问题，不如先解开这个看似不可能的"回到原点之谜"。找到合理的解释后，也许就能发现新的线索。

那么，学者究竟身处何地？我们从这里开始推理吧。

学者到底身处何处？

前面已经分析过，如果在平面上按这个顺序移动，最终应该停在起点以东 10 公里，但实际情况却有所不同。这是因为地球并非平面，而是一个球体（严格来说，是略微扁平的不规则椭球体），因此曲面的影响会带来不同的结果。

那么，地球上哪里能实现这样的路径呢？

答案是——北极。

在北极附近，如果先向南移动10公里，再向东移动（此时绕着极点画圈），最后向北返回10公里，就能恰好回到起点。这是地球球形特性造成的独特现象。

既然学者身处北极，那么他遇到的熊自然就是北极熊。

所以这道问题的答案是"白色"。

答案 白色

总结

解题的关键在于理解题目中的"南"和"北"并非指平面上的方位，而是基于地球球形结构，指向北极和南极的方向。如果从一开始就轻易放弃，认为此题无解，就无法找到正确答案。

这道题是横向思维的经典案例，需要运用创造性思维，灵活解读题目，并充分利用已知信息，探索可能的解法。

能否看清真正需要解决的问题?

难易度 ★☆☆☆☆

横向思维

3

第 3 章 只有具备横向思维能力的人才能答出的问题

借船过河

你可以借助以下 4 种类型的船只过河。
它们分别需要 1 分钟、2 分钟、
4 分钟和 8 分钟才能到达对岸。

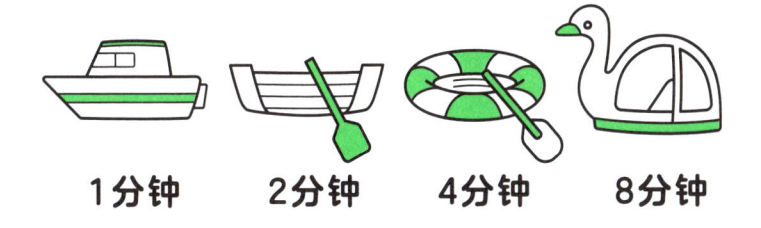

| 1分钟 | 2分钟 | 4分钟 | 8分钟 |

你最多可以同时操控 2 艘船过河。
当同时操控 2 艘船时,航行速度以较慢的那艘为准。

如何在最短时间内将4艘船全部运到对岸,最快需要几分钟?

解说 即使你是一个能够同时操控 2 艘船的能手，也无法突破船速的限制。例如，若 1 分钟和 8 分钟的船同时出发，则渡河仍需花费 8 分钟。那么，怎样才能以最短的时间让 4 艘船全部到达对岸呢？或许，关键在于某种出乎意料的组合。

最大的挑战是什么？

我观察到，因为有船速的限制，很多人在做这道题时的思路是这样的：

①操控用时 8 分钟和 1 分钟的 2 艘船到对岸；
②操控用时 1 分钟的船返回；
③操控用时 4 分钟和 1 分钟的 2 艘船到对岸；
④操控用时 1 分钟的船返回；
⑤操控用时 2 分钟和 1 分钟的 2 艘船到对岸。

所有的回程都使用 "1 分钟" 这艘船，以追求最快速度，这个想法是很好的，而这样的整体用时是 16 分钟。但事实上，还有更快一点的方法。

如何应对挑战？

这个问题的挑战在于存在速度慢的船，我们需要在 "加快回程速度"的同时，采取"将速度慢的船集中运送"的策略。

8分钟的船无论与哪艘船同行，都需要8分钟才能渡河。因此，我们可以换个角度思考，让它与另一艘相对较慢的4分钟的船一起运送，以减少慢速船的渡河次数。

然而，如果返程仍然选择4分钟的船，时间损失将会非常大。因此，最佳策略是提前在对岸准备好1分钟或2分钟的船，以确保返程更高效。

①操控用时1分钟和2分钟的2艘船到对岸；
②操控用时1分钟的船返回；
③操控用时4分钟和8分钟的2艘船到对岸；
④操控用时2分钟的船返回；
⑤操控用时1分钟和2分钟的2艘船到对岸。

这样的话，就可以在15分钟内把所有的船都运到对岸。

答案 | 15分钟

总结

"同时完成多项耗时工作"的解题方式在日常生活中极为实用。然而，固守惯性思维往往会限制我们的灵感与思路的转变。这道题的核心启示在于：不仅要寻找高效的做事方法，还要识别并优化那些导致低效的因素，从而提高效率。

第3章 只有具备横向思维能力的人才能答出的问题

横向思维 4

能否从相反的角度考虑问题？

难易度 ★★☆☆☆

慢速赛马

国王命令 2 人进行骑马比赛，
获胜一方将得到一大笔金银财宝。
不过国王给出的比赛规则很奇怪：
后抵达终点的马才是赢家。
于是，2 人为了避免先于对方到达终点而故意放慢速度。
但如果一直这样下去，比赛将永远无法结束。
就在僵局难解之时，一位路过的智者提出了一个方案，
稍作调整，就令 2 人立刻策马疾驰冲向终点。

请问这位智者的方案是什么？

解说 一般的比赛都是速度最快者获胜，而这道题却反其道而行之。它改编自一个古老而著名的谜题，解答的关键在于打破常规思维，充分发挥想象力。

获胜的条件是什么？

让我们仔细分析一下国王说的规则。他并没有说"后抵达的人"，而是说"后抵达的马"赢得比赛的胜利，这是问题的关键所在。也就是说，获胜条件是"自己的马更晚到达终点"。那么，如果让对方的马先到达终点，自己就能获胜。

一旦意识到了这个获胜条件，解题思路就变得简单许多：让双方交换彼此的马再继续比赛，谁的马先到达终点，谁就获胜。智者提出的方案成功地将慢速赛马变成了普通的竞速，让2人可以全力以赴地冲向终点。

答案 ｜ 让双方交换彼此的马。

总结

创意行业的朋友常说："有时候，限制越多，创意反而更容易迸发。"当我们需要构思新的想法或创意时，首先要明确哪些关键点是不可忽视或无法改变的。一旦厘清这些核心要素，我们便能在其他条件上发挥创造力和想象力，从而拓展更多可能性。这种思维方式不仅不会束缚思考，反而能极大提升我们的思维自由度。

横向思维 5

能否利用限制进行创造和想象？

难易度 ★★☆☆☆

穿越沙漠

有一片广阔的沙漠，步行穿越需要 6 天。
你决定挑战穿越这片沙漠，
并可以雇用搬运工与你同行。
然而，旅途中存在一个限制：
每人最多只能携带 4 天的食物。
此外，还有一项重要规则——不允许出现遇难者，
搬运工也要安全到达终点，或者返回起点。

那么，
你需要雇用多少名搬运工才能成功穿越沙漠呢？

梳理限制条件

这道题目中存在着若干限制条件，其中一个是"每个人最多只能携带 4 天的食物"。由于穿越沙漠需要 6 天，仅靠自己带的食物是无法到达终点的，所以需要从别人那里获得额外的食物。

这个"别人"当然就是搬运工。但是，也不能让提供食物的搬运工在途中耗尽体力，因为题目中存在着另一个限制条件——"不允许出现遇难者"。所以，必须给提供食物的搬运工留下足够返程的食物。

- 每人可以携带 4 天的食物→需要从别人那里获得食物
- 不允许出现遇难者→必须留下足够使其返程的食物

通过这两个限制条件，解题思路初步形成。

假设雇用1名搬运工

我们先尝试推测，最少需要多少名搬运工才能完成穿越，并据此进行分析思考。比如，请 1 名搬运工可行吗？答案是否定的。

为了完成 6 天的行程，你需要从搬运工那里得到 2 天的食物。由于你最多只能携带 4 天的食物，所以得等到出发 2 天后，也就是消耗掉前 2 天的食物后才能额外获得 2 天的食物。但那时搬运工剩下的食物也只剩 2 天的量了，如果你拿走搬运工的食物，他就无法返回起点。

假设雇用2个搬运工

前面的分析表明，需要更多的搬运工来支持补给，以确保他们在交出食物后仍能安全抵达起点或终点。接下来，让我们考虑一下雇用2名搬运工的情况。

你、搬运工 A、搬运工 B，3 人分别携带 4 天的食物出发。到了第 1 天晚上，每人持有的食物情况如下：

- 第 1 天晚上（剩余 5 天路程）

你：3 天的食物

搬运工 A：3 天的食物

搬运工 B：3 天的食物

搬运工 B 将持有的 2 天的食物分别交给你和搬运工 A，同时自己保留足够返回起点的 1 天的食物。那么情况就会变动如下：

- 第 1 天晚上（剩余 5 天路程）

你：4 天的食物

搬运工 A：4 天的食物

搬运工 B：1 天的食物

第2天的行动

第 2 天早上，你和搬运工 A 继续前进，而搬运工 B 则安全返回起点。到了第 2 天晚上，情况变动如下：

- 第 2 天晚上（剩余 4 天路程）
你：3 天的食物
搬运工 A：3 天的食物

此时，搬运工 A 交给你 1 天的食物。那么情况就会变成如下：

- 第 2 天晚上（剩余 4 天路程）
你：4 天的食物
搬运工 A：2 天的食物

搬运工 A 剩下 2 天的食物，所以他可以用 2 天的时间顺利返程。而你手中有了 4 天的食物，也可以顺利到达终点。

> **答案** 　　　2名

> **总结**
> 从题目的两个限制条件可以看出，"得到食物"和"留下返程所需的食物"是解题的关键。通过区分可变条件和不可变条件，就可以排除那些无法改变的因素，集中思考真正影响解法的关键变量，从而找到最优策略。

横向思维 6

能否突破狭隘的观念?

难易度 ★★★☆☆

天平和9枚金币

在你面前有一座天平和 9 枚看起来完全相同的金币,其中有 1 枚比其他金币更轻。

使用超过2次,天平就会坏掉

现在想用天平来确定哪枚金币是较轻的,
但天平最多只能使用 2 次。
应该怎么做,才能找到那枚较轻的金币呢?

解说 这是一道经典的思维训练题。在国外，这类题目通常被归类为"平衡难题"，也被称为"伪币问题"。而这道题，正是这一类题型的入门版本。

解决"伪币问题"的基本思路

很多人认为，天平只是用来比较 2 组物品重量的工具。但实际上，它还能帮助我们推理出未直接称量的物品的重量。

举个例子：假设我们要从 3 枚金币中找出较轻的一枚，只需使用 1 次天平即可完成。

将其中 2 枚金币分别放在天平两侧，如果天平倾斜，较轻的金币就在这两枚中；如果天平平衡，那么未放上天平的那枚金币才是较轻的。

通过灵活使用天平，不仅可以直接比较物品的重量，还能间接了解到未称量物品的情况，从而帮助我们在有限的次数内找出正确答案。

2 次称重找出伪币

在第 1 次称重前，将 9 枚金币分成 3 组，每组 3 枚，随后用天平称其中的 2 组。如果天平倾斜，说明托盘升高的那一组中有较轻的金币；如果天平保持平衡，说明较轻的金币不在它们中间，而在未被测量的第 3 组。

在第 2 次称重时，在包含较轻的金币那 3 枚金币中，取出 2 枚分别放在天平的左右两个托盘上,这样就可以确定哪一枚金币是轻的。如果天平倾斜,说明托盘升高的那一端放的就是较轻的金币。如果天平保持平衡,说明没放在天平上的那枚金币比较轻。

> **答案**
>
> 金币分3组,每组3枚。将前2组放在天平上,如果天平向某侧倾斜,说明托盘升高的那一组中有较轻的金币;如果天平保持平衡,说明较轻的金币在第3组中。
>
> 随后,从较轻的金币所在组中随机选择2枚金币放在天平两侧的托盘上。如果天平倾斜,说明托盘升高的那一侧放的就是较轻的金币。如果天平保持平衡,说明没有放在天平上的那枚金币较轻。

总结

虽然在现实生活中我们几乎不会使用天平,但这种"转换视角"的思维方式,能够帮助我们间接验证需要检查和确认的结论。这类问题的解题思路可以灵活运用于许多工作场景,为我们提供更高效的分析问题的方法。

能否推理出隐藏的内容？

难易度 ★★★☆☆

横向思维 7

26张纸币

钱包里有26张纸币，随机取出20张摆在桌子上。

无论如何选择这20张纸币，其中至少都会包含 1 张1000日元、2 张2000日元和 5 张5000日元的纸币。

请问钱包里原来的纸币总金额是多少呢？

> **解说** 2000 日元纸币？许多中国读者可能对它不太熟悉。它曾在日本发行，但现在已很少流通，甚至在日本本土都难以见到。这道题看似信息有限，但只要抓住关键点，就能瞬间找到突破口。即使是微小的线索也不能忽略，试试看，你能找出那些已经确定的信息吗？

> **提示** 如果只有 6 个房间，7 个人要怎么住进去？

至少有几张纸币？

题目提到，无论如何选择这 20 张纸币，都会至少包含 1 张 1000 日元、2 张 2000 日元和 5 张 5000 日元的纸币。基于这一信息，我们可以推断出钱包中这些面额的纸币最少有多少张。

比如，"无论如何选择这 20 张纸币，至少都会包含 1 张 1000 日元纸币"这一条件，意味着即使移除 6 张纸币，仍然至少有 1 张 1000 日元纸币被选中。因此，钱包中最少有 7 张 1000 日元纸币（6 张未选中的 + 至少 1 张选中的）。

未被选中的6张纸币是解题关键

如前文所说，钱包中 1000 日元的纸币最少有 7 张，因为将 7 张 1000 日元纸币全部排除在 6 张未被选中的纸币之外是不可能的。同理，我们可以推断出：

2000 日元纸币最少有 8 张（6 张未选中的 + 至少 2 张选中的）。

5000 日元纸币至少有 11 张（6 张未选中的 + 至少 5 张选中的）。

将这三种纸币的最少数量相加：7 + 8 + 11 = 26。

但题目说了，钱包里总共就 26 张纸币。也就是说，26 张纸币的构成是：

7 张 1000 日元纸币
8 张 2000 日元纸币
11 张 5000 日元纸币

它们的金额合计为 7.8 万日元。

答案 | 7.8 万日元

总结

这道题乍一看似乎信息量不足，甚至让人觉得无从下手。但其实，关键不在于被选中的 20 张纸币，而在于未被选中的部分。

很多时候，真相并不总是显而易见，它可能隐藏在我们忽略的地方。换个角度，关注那些被遗漏的信息，往往能找到突破口。

横向思维 8

能否改变思维方式去创造和想象？

难易度 ★★★☆☆

黑白球互换

你面前的盒子里装有20个白球和13个黑球。随机从盒子里取出 2 个球。如果两球的颜色相同，则将 1 个白球放回盒子里；如果两球的颜色不同，则将 1 个黑球放回盒子里。

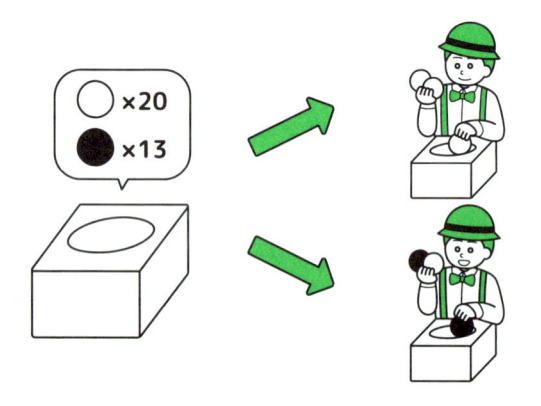

重复这个过程，盒子里球的数量会逐渐减少，**最后剩下的那个球是什么颜色呢？**

解说 虽然有人可能会认为，既然盒子里最初的白球较多，最终剩下的也应是白球。但请务必记住，思考问题不能脱离逻辑。

另外，与其逐一验证每次取球的所有组合，我们更应该寻找规律，从整体上把握问题的解法。

盒子里的球将如何变化？

每次从盒中取出 2 个球，如果颜色相同，则放回 1 个白球；如果颜色不同，则放回 1 个黑球。因为"取出 2 个放回 1 个"，所以每进行一次操作，盒子里的球就会减少 1 个。

这道题看似难度很大，但通过简化模式来思考，它就会变得简单许多。具体来说，取出球时，盒子里的球将发生如下变化：

取出的球	放回的球	盒中球的增减变化
白 白	白	▶ 白−1
黑 黑	白	▶ 黑−2　白+1
白 黑	黑	▶ 白−1

我们应该重点关注的是"黑球减少的方式"。也就是说，只有在取出的两个球都是黑球的情况下，盒子里黑球的数量才会真正减少。

减少的数量并不重要

有人可能会认为，因为黑球减少的概率小，所以最后剩下的应该是黑球。但实际上，解开这道题的关键不在于黑球减少的数量，而是黑球每次都会减少 2 个。

因为盒子里最初有 20 个白球、13 个黑球，那么黑球减少后，剩下的黑球数量一定是奇数。具体来说，黑球会以 13 → 11 → 9 → 7 → 5 → 3 → 1 的规律逐渐减少。在终局的前一步，肯定会出现"白 1、黑 1"的情况。所以终局取球时，球的颜色组合一定是"白 + 黑"，此时会放回一个黑球。因此，最终留在盒子里的球的颜色一定是黑色。

答案 | 黑色

总结

"取出颜色不同的球"这类问题在概率题中往往被视为高难度，许多人一看到就感到头疼。事实上，这道题与概率无关，只要我们关注"减少的规则"而非"减少的数量"，答案便会立刻显现。

能否认识到问题的本质？

难易度 ★★★☆

横向思维

9

17头奶牛

有17头奶牛，A、B、C 3个牧民需要按照规定的比例进行分配：
A必须得到总数的1/2，
B必须得到总数的1/3，
C必须得到总数的1/9。

然而，无论如何计算，他们都无法顺利分配这些奶牛。就在一筹莫展之际，一个路过的牧民做了一件事，使奶牛得以按照规定成功分配。

这个牧民到底做了什么呢？

第 3 章　只有具备横向思维能力的人才能答出的问题

能否意识到不可能？

首先，我们来验证一下，是否真的像题目中所说，无论怎样做都无法顺利分配这些奶牛。

A 得到总数（17 头）的 1/2=8.5 头
B 得到总数（17 头）的 1/3 ≈ 5.66667 头
C 得到总数（17 头）的 1/9 ≈ 1.88889 头

看起来确实无法顺利分配，如果我们仔细分析题目，会发现：

1/2+1/3+1/9=17/18

这就说明，实际上需要把 17 头奶牛分成 18 等份，所以这从一开始就是一个不可能实现的目标。

朋友做了一件事

既然如此，只能强行将 17 头奶牛变成 18 等份了。应该怎么做呢？其实很简单，只要增加 1 头奶牛，变成 18 头就可以了。这就是这位朋友所做的事情。

A 得到总数（18 头）的 1/2=9 头
B 得到总数（18 头）的 1/3=6 头
C 得到总数（18 头）的 1/9=2 头

这样就可以根据已知条件顺利分配了。

看到这里，很多人的第一反应是："不行不行，奶牛的总数改变了，这是违反题意的。"没关系，按照上述方法分配，最终结果是：

9+6+2=17 头

所以，分配了 17 头奶牛的事实并没有改变。
随后再将多出来的那头奶牛（牧民临时增加的那头）归还给他，就能在满足分配规定的同时，确保每个人的份额不变，顺利完成分配。

答案 ｜ 牧民增加了1头奶牛。

总结

牧民通过增加一头奶牛，解决了原本无法分配的难题，而且最终还收回了那头奶牛。这个问题非常考验创造力和想象力。其原型来源于经典的"3 个儿子和 17 头骆驼"的故事，据说由两三千年前一位不知名的阿拉伯数学家创造，并流传至今。

在面对这类问题时，仅仅按照既定条件思考，未必能得出正确答案。我们还需要提出质疑："这样的思路真的成立吗？"

横向思维 10

能否跳脱条件的限制进行思考？

难易度 ★★★☆

10枚硬币

桌子上放着很多硬币，
其中只有10枚正面朝上，
其余都是背面朝上。

你需要在蒙着眼睛的状态下将硬币分成 2 组，
并且必须确保 2 组中正面朝上的硬币数量相同。

你应该如何实现这一点呢？

解说 这个问题看起来很棘手，需要充分发挥创造力和想象力才能找到解法。但即便如此，也不能耍小聪明，例如在蒙上眼睛之前做些小动作，或依赖他人的帮助。

提示 不要被"硬币中 10 枚正面朝上"这个条件限制你的思考。

答案其实很简单

正如解说中提到的，这是一道非常考验创造力和想象力的问题。所以，我先将答案公布如下：

首先，将所有硬币随机分为"10 枚硬币组"和"其他硬币组"。
其次，将"10 枚硬币组"中的硬币全部翻转一遍。
这样 2 组中正面朝上的硬币数量就相同了。

你可能还没太明白发生了什么，接下来我将说明为什么这样做是可行的。

把硬币分成2组

首先，将这些硬币随机分为"10 枚硬币组"和"其他硬币组"，10 枚硬币组中有几枚正面朝上都无所谓，因为在蒙着眼睛的情况下，正面朝上的硬币是不可能被准确挑选出来的。

此时，如果"10 枚硬币组"中包含的正面朝上的硬币数量为 n，则存在以下关系：

- "10 枚硬币组"中有 n 枚正面朝上的硬币。
- "其他硬币组"中有 10−n 枚正面朝上的硬币。

假设随机选择的 10 枚硬币组中有 3 枚正面朝上，那么其他硬币组中就有 7 枚正面朝上。因为初始条件是所有硬币中"只有 10 枚正面朝上"，所以我们很容易得出这个结论。

将10枚硬币全都翻过来

其次，将随机选择的 10 枚硬币组中的所有硬币都翻过来。这 10 枚硬币中，存在正面朝上的硬币 n 枚。如果全部翻过来的话，正面朝上的硬币数量就会变成 10−n 枚。

你可能还是难以理解这部分的推理，其实就是假设将"3 枚正面朝上、7 枚背面朝上的硬币"全部翻过来，就会出现"3 枚背面朝上、7 枚正面朝上的硬币"。

那么，看看现在 2 组硬币的情况：

- 10 枚硬币组中正面朝上的硬币是 10-n 枚。
- 其他硬币组中正面朝上的硬币是 10-n 枚。

干得漂亮！现在 2 组中正面朝上的硬币数量是完全一样的。

答案 先把所有硬币随机分为"10枚硬币组"和"其他硬币组",再将10枚硬币组中的硬币全部翻过来。这样,两组中正面朝上的硬币数量就是相等的。

总结

　　许多人一看到"有10枚硬币正面朝上",便下意识地认为必须将这10枚硬币平均分成两组,各有5枚正面朝上。但实际上,题目并未提出这样的要求。

　　关键在于能否打破思维定式,意识到"翻转硬币"才是解题的关键。如果题目中给出的条件是"有7枚正面朝上",我们可能会立刻意识到无法将奇数平均分配,从而另寻他法。而这道题给出的是偶数,反而让我们被"平均分配"这个先入为主的观念所束缚了。

　　这类题目常被苹果、J.P.摩根等公司用来测试应聘者的创造性思维和灵活性。

　　现在你明白了,"因为前提条件如此,所以必须这样做"的思维定式,往往会让你偏离正确的解题思路。

横向思维 11

能否实现思维的飞跃？

难易度 ★★★★★

一摞假硬币

每枚硬币的重量是 1 克，每 10 枚硬币堆成一摞，
共有 10 摞硬币。
其中 9 摞硬币是由真硬币堆起来的，
1 摞是由假硬币堆起来的。

每枚假硬币比真硬币重 1 克，
但这种微小的差异用手掂量很难察觉。
现在想通过电子秤来判断哪一摞是假硬币，
最少需要使用几次电子秤可以确认呢？

提示1 那摞假硬币里没有真硬币。

提示2 电子秤上可以放任意数量的硬币。

常规的思路

每10枚硬币堆成一摞，总共有10摞。也就是说，一共有10×10=100枚硬币。因为假硬币比真硬币重1克，所以想要识别哪一摞是假硬币，就需要先称第1摞，再称第2摞。以此类推，一直称到第9摞，那就至少需要使用9次电子秤。这应该是很多人的答案，但事实上，我们完全可以用更少的次数找出假硬币。

从哪里抽取硬币

这道题的关键在于每摞硬币的构成。由于假硬币那一摞的每一枚硬币都是假的，如果我们从每一摞中都抽取1枚硬币，那么其中必有1枚是假硬币。也就是说，在抽取的10枚硬币中，哪一枚的重量异常，它所在的那一摞就是假硬币。

但是问题在于，如果每摞只取出1枚硬币，仍然需要多次称重才能找出假硬币。因此，需要改变从每一摞中抽取的硬币数量。

从第1摞中抽取1枚，从第2摞中抽取2枚，从第3摞中抽取3枚……从第10摞中抽取10枚。这样的话，取出的硬币总数为1+2+3+4+5+6+7+8+9+10=55枚。

只要将这些硬币一起放在电子秤上，就完成了这道题。

唯一明确的答案

如果 55 枚硬币都是真硬币，那么它们的合计重量应该是 55 克，但其中至少有 1 枚是假硬币，所以实际称出来的重量会高于这个数值。

通过观察 55 枚硬币的实际重量比 55 枚真硬币重多少克，就可以明确哪一摞是假硬币了。假设抽取的 55 枚硬币比 55 克重了 1 克，就意味着有 1 枚假硬币混在其中，那么只取出了 1 枚硬币的那一摞就都是假硬币。

通过这种方法，只需要使用 1 次电子秤，就能判断出哪一摞是假硬币。因为这个次数已经是最值，所以我们可以明确地说这就是正确答案。

答案 | 1 次

总结

正是因为我们敢于大胆地设定"只使用 1 次"的目标，才能将"优化改进"的想法转变为"大胆革新"的创新思路。

能否果断放弃不可能的选项？

难易度 ★★★★★

横向思维 **12**

邮寄宝石

你想邮寄一些宝石送给客户，
但是客户所在的国家治安很差，
要是没上锁，箱子就会被盗，
但只要上锁了，就可以安全邮寄。
箱子上可以使用任意类型和任意数量的锁。

但是，客户手中没有钥匙，
如果将上了锁的箱子和钥匙一起邮寄，
箱子也会被打开，里面的东西依然会被偷走。
怎么做才能安全地邮寄宝石呢？

第 3 章 只有具备横向思维能力的人才能答出的问题

解说 这里的问题是如何安全地寄出钥匙。但是，如果将钥匙与箱子一起邮寄，箱子就会被打开，里面的物品会被盗。如果将钥匙放在箱子里面，那么就需要再邮寄一把打开这个箱子的钥匙，而这把钥匙在没有被锁起来的情况下，也会被盗。到底该如何破局呢？

提示1 箱子可以来回邮寄。
提示2 重点在于"箱子上可以使用任意数量的锁"。

关键在于往返的次数

这道题有一个很聪明的解决办法，不妨先看一下答案。

先用锁 A 锁住箱子，并邮寄给客户。
客户收到箱子后，给箱子加上锁 B，再原路寄回。
你收到箱子后，打开锁 A，再一次将箱子邮寄给客户。
客户收到箱子后，打开锁 B，顺利打开箱子取出宝石。

是否注意到提示并意识到不可能

这道题没有什么需要特别解释的，但有两点很重要。首先就是能否从"箱子上可以使用任意数量的锁"这一信息中得到启发。在逻辑思维问题中，基本不会出现无用的信息。所以，能否通过这句话想到箱子上可以多加把锁是解题的关键。

其次是能否意识到一次邮寄不可能解决问题，需要几次往返。如果被"一次邮寄就能搞定"的先入为主的观念所束缚，这个问题就无法解决。当试错失败时，果断放弃也很重要。

只有先排除不可能的选项，才能进一步思考是否可以通过多次邮寄来解决问题。从这个角度看，这道题同样考验着横向思维的运用。

> **答案**
> 先用锁A锁住箱子，并邮寄给客户。客户收到箱子后，给箱子加上锁B，再原路寄回。你收到箱子后，打开锁A，再一次将箱子邮寄给客户。客户收到箱子后，打开锁B，顺利开箱取出宝石。

总结

能想到"不是让客户打开箱子，而是让客户再加一把锁后寄回"的人，确实具备出色的横向思维能力。

当然，从现实角度来看，确实存在小偷模仿客户，按照相同步骤操作来盗取箱子的风险。具体来说，小偷可以在你寄出加锁的箱子后，再加上自己的锁寄回给你，你取下自己的锁后再寄出，这时小偷就能打开只有他自己锁着的箱子，盗取其中的宝石。

但在这道题中，我们需要遵循设定的前提——只要箱子上锁，就能安全邮寄，不会被盗，因此无需考虑这样的风险。

实际上，网络安全治理中也常用类似的思路来保护信息。比如，SSL/TLS 加密协议采用了两种加密方式：

一种是非对称加密：用一对密钥（公钥和私钥）加密和解密信息，确保只有指定的接收方才能读取内容。

另一种是对称加密：发送方和接收方使用相同的"密码"来加密和解密数据，速度更快，适合大数据传输。

SSL/TLS 协议先用非对称加密"交换"一个对称加密的密钥，然后用这个密钥完成整个数据传输，既保证了安全性，又提高了传输效率。这与"先加一把锁，再通过另一把锁完成传递"的思路非常相似。

横向思维 13

能否将信息转化为创意？

难易度 ★★★★★ + ★★

投票结果

在一次投票活动中,你被选为计票员。
负责唱票并逐一念出得票候选人的名字。

已知有候选人的得票超过半数,
现在你想确定这个人的名字。
问题是,你手头只有一个数字可以逐一增减的计数器,
而且你一次只能记住一个名字。

你应该怎么做呢？

提示1 你不需要知道所有候选人的得票结果。
提示2 最终只要知道是谁得票超过半数就可以了。

所有的信息都可能成为线索

在思考这个问题时，你会发现，能够逐一递减的计数器并不常见，大多数计数器只能递增或重置。那么，既然这个计数器能递减，是否意味着递减这一操作在解题过程中至关重要呢？

另外，条件中提到"你一次只能记住一个名字"，这意味着在每次读出新的名字时，你只能与当前记住的名字进行比较，从而判断二者是否重复。这个条件同样是解题的关键提示。

小规模假设分析

这类题目首先要从小规模假设入手进行思考。假设唱票结果为"A、B、C、B、B"，我们可以通过记住读到的名字并使用计数器逐一增减来确定得票超过半数的候选人。

首先，读到 A 时，记住他的名字，并将计数器增加 1。

接下来是 B。B 与 A 不是同一个人，如果我们像刚才那样增加数字，就无法把 A 和 B 区分开来。因此，这里我们减去 1，此时计数器归零。

下一个是新的候选人 C，记住他的名字，并将计数器增加 1。

再下一个是 B，这与记忆中的 C 不一样。同理，如果我们这个时候增加数字，就无法把 B 和 C 区分开来，所以应该减去 1，计数器再次归零。

最后，当 B 再次出现时，我们应该记住 B 的名字，并在计数器增加 1。

至此，计数器的值为 1，而我们也成功地记住了得票超过半数的 B。

通过其他假设来验证

刚才的假设遵循以下几条操作规则：

• 记住第 1 个读到的名字并将计数器上的数字加 1。

• 当计数器的数字 ≥ 1 时，如果读出的名字与记住的名字相同，则增加 1 个数字。

• 当计数器的数字 ≥ 1 时，如果读出的名字与记住的名字不同，则减少 1 个数字。

• 当计数器归零时，记住下一个读出的名字并增加 1 个数字。

虽然通过这个操作，我们成功找出了得票超过半数的候选人，但可能会有人怀疑，这几条规则或许只是恰好符合刚才的假设，所以才成功的。可能还会有下面这样的特殊情况：

• 如果最后读出的名字是得票没有超过半数的人，怎么办？
• 如果从记忆中消除的候选人最终得票超过半数，怎么办？

如果"得票超过半数的人"在中途出现

假设唱票结果为"A、A、B、B、B、A、A、A、C",我们将以"【记住的名字】:〈读出的名字〉:计数器的数字"的格式进行如下模拟:

- 【 】:〈A〉:1(记住最初读出的候选人)
- 【A】:〈A〉:2(与记住的【A】相同,增加1个数字)
- 【A】:〈B〉:1(与记住的【A】不同,减少1个数字)
- 【A】:〈B〉:0(与记住的【A】不同,减少1个数字)
- 【 】:〈B〉:1(计数器归零,记住新名字【B】并增加1个数字)
- 【B】:〈A〉:0(与记住的【B】不同,减少1个数字)
- 【 】:〈A〉:1(计数器归零,记住新名字【A】并增加1个数字)
- 【A】:〈A〉:2(与记住的【A】相同,增加1个数字)
- 【A】:〈C〉:1(与记住的【A】不同,减少1个数字)

此时,我们最终记住的是得票超过半数的 A。即使得票超过半数的候选人名字在中途出现,甚至一度从记忆中消失,但我们最终记住的仍然是这个名字。

成功解题的原因

如果某位候选人的得票超过半数，通过这种方法，最终记住的一定是这位候选人的名字。这是因为得票超过半数的候选人使计数器变动的次数，超过了其他候选人使计数器变动的合计次数。

如果将得票超过半数的候选人被读出的次数视为正数，其他候选人被读出的次数视为负数，那么无论怎样相加，结果都不会为零。因为前者的得票超过半数。因此，即使中间读了其他候选人的名字，在结束时，我们记住的依旧是得票超过半数的候选人的名字。

> **答案** 记住第1个读到的名字，并将计数器上的数字增加1。当计数器的数字≥1时，如果读出的名字与记住的名字相同，则增加1个数字。当计数器的数字≥1时，如果读出的名字与记住的名字不同，则减少1个数字。当计数器归零时，记住下一个读出的名字并增加1个数字。这样的话，最后记住的名字就是得票超过半数的候选人。

总结

　　本题是一道诞生于1981年的经典算法题，尽管候选人可能有几百人，要想从中识别出得票超过一半的那一个，只需要设计一条简单的规则：如果把当前读到的名字与记住的名字相同，则计数器增加1；如果不同，则计数器减少1。通过这个规则，我们可以有效地找出得票超过半数的候选人。

　　然而，这个方法仅在"有候选人得票超过半数"的前提下有效。例如，在前面模拟的唱票结果"A、A、B、B、B、A、A、A、C"中，如果把第一个A改成B，也就是说在总共9票中，A获得4票，B也获得4票，没有任何候选人能获得超过半数的票，那么这个方法就无法得出正确结果。

　　另外，在"2位候选人得票完全相等"的前提条件下，也不能使用这个方法，因为计数器将互相抵消，无法正确分辨两者的得票数。

第 4 章

只有具备全局思维能力的人才能答出的问题

不要仅仅停留在眼前的局部,

而是要在全面把握整体情况的基础上进行思考,

这就是全局思维。

举个例子,一场突如其来的大雨,

可能会让忘带伞的人感到焦虑。

但是,如果我们从上帝视角去俯瞰四周,就会发现

有的人用随身的包遮雨,有的人在屋檐下避雨,

还有的人根本不在意被淋湿。

看似令你焦虑的问题,实际上有很多不同的解决方式。

在面对突如其来的挑战或困难时,许多人可能会显得慌乱,

并下意识地做出反应。而智者则能保持冷静,

理性评估局势,最终做出明智的决策。

接下来,我将分享12道能够有效考察全局思维能力的问题。

能否冷静地俯瞰全局？

全局思维 **1**

难易度 ★☆☆☆☆

第 4 章　只有具备全局思维能力的人才能答出的问题

3个水果箱

有 3 个水果箱，分别是"装有苹果的箱子""装有橘子的箱子"以及"苹果和橘子随机混装的箱子"。

起初，每个箱子的标签都与内部的水果种类一一对应，即"苹果""橘子"和"随机"。但后来，不知何故，所有的标签都贴错了。

要想确认这3个箱子里是苹果、橘子，还是随机混装的水果，最少需要打开几个箱子？

解说 如果打开所有的箱子，肯定能知道里面是什么水果。当然，出题者不会特意问这么简单的问题，我们还要仔细想想答案。

为什么只有2种模式？

既然"苹果""橘子"和"随机"这3个标签都贴错了，就说明：

贴有"苹果"标签的箱子里装的只能是橘子或随机水果。
贴有"橘子"标签的箱子里装的只能是苹果或随机水果。
贴有"随机"标签的箱子里装的是苹果或橘子。

因此可以确定，可能的组合只有以下 2 种：

	箱子上"贴错"的标签		
	苹果	橘子	随机
箱子中水果可能的组合1	橘子	随机	苹果
箱子中水果可能的组合2	随机	苹果	橘子

由于所有标签都被贴错了，除了这 2 种组合，任何其他分配方式都会导致至少有一个箱子的标签正确，从而与题目设定矛盾。也就是说，在这一设定下，可能存在的组合数量非常有限。

不可以打开的箱子

既然箱子的组合只可能有 2 种,那么一旦确定了其中 1 个箱子里的水果,自然也就知道其余 2 个箱子里装的是什么了。但是,这并不意味着可以打开任意 1 个箱子。需要注意"随机"这一变量的影响。

假设我们打开贴有"苹果"标签的箱子,发现里面装的是橘子,仅凭这一点,无法确定这个箱子一开始的标签应该是"橘子"还是"随机"。因为原本贴有"随机"的箱子里可能恰好装了橘子。也就是说,绝对不能打开一开始贴有"随机"标签的箱子。那么,应该打开哪个箱子呢?是所有标签都贴错以后,那个贴着"随机"标签的箱子,唯有它不可能有随机混装的水果。

如果打开贴着"随机"标签的箱子,发现里面装的是苹果,说明箱子中水果可能的组合是第 1 种。如果贴着"随机"标签的箱子里装的是橘子,说明组合应该是第 2 种。

答案 | 最少需要打开1个贴着"随机"标签的箱子。

总结

在多线程工作中,有时只需优先完成一项关键任务,便能同时化解其他任务线中棘手的问题。因此,养成俯瞰全局的思维习惯,不仅能减少不必要的选择和工作量,还能大幅提升效率。这种思维方式尤其适合在高压环境下工作的职场人士。

第 4 章 只有具备全局思维能力的人才能答出的问题

全局思维 2

能否找出应该关注的选项？

难易度 ★☆☆☆☆

猜测年龄

同事有3个女儿,他给了你一些提示,好让你猜出他女儿们的年龄。

> 所有孩子的年龄相乘等于72。

> 我猜不出来。

> 所有孩子的年龄相加等于今天的日期。

> 我猜不出来。

> 只有年龄最大的那个女儿喜欢吃冰激凌。

> 我知道了!

请问3个女儿的年龄是多少岁?

第1个提示的隐藏信息

第 1 个提示是所有孩子的年龄相乘等于 72。所以，我们先列出相乘结果为 72 的 3 个数字的所有组合：

(1，1，72)　　(1，2，36)　　(1，3，24)

(1，4，18)　　(1，6，12)　　(1，8，9)

(2，2，18)　　(2，3，12)　　(2，4，9)

(2，6，6)　　(3，3，8)　　(3，4，6)

这样，我们就将正确答案的可能性缩小到了 12 种模式。

第2个提示的隐藏信息

第 2 个提示是所有孩子的年龄相加等于今天的日期，我们先试着将上述 12 种模式的年龄分别相加看一下。

1+1+72=74

1+2+36=39

1+3+24=28

1+4+18=23

1+6+12=19
1+8+9=18
2+2+18=22
2+3+12=17
2+4+9=15
2+6+6=14
3+3+8=14
3+4+6=13

第 2 个提示说，年龄相加等于"今天的日期"。因为 1 个月最多只有 31 天，也就是说，3 个数字相加之和不能超过 31。

而且这里还有一个重要的隐藏信息，那就是即使你知道了前两个提示，你也还是猜不出答案。也就是说，即使知道今天的日期，你也无法确定每个孩子的年龄。因为相加后能得出今天日期的这个数字的组合并非唯一。

上面的计算中，并非唯一的数字组合只有 14。所以，3 个孩子可能的年龄为下面二者之一：

(2，6，6)
(3，3，8)

第3个提示的隐藏信息

第 3 个提示是只有年龄最大的那个女儿喜欢吃冰激凌。很多人刚开始不明白这个提示与答案有什么关系，但看到这里就清楚了。重要的是"冰激凌"以外的信息，即年龄最大的孩子只有 1 人。

根据第 2 个提示，我们已经将范围缩小到两种组合，而"年龄最大的那个孩子只有 1 人"的组合只能是"3，3，8"。也就是说，3 个孩子的年龄分别是 3 岁、3 岁、8 岁。

答案 | 3个孩子年龄从大到小依次是8岁、3岁、3岁。

总结

解决这道题的关键，是先系统地列出所有可能性。乍一看，它似乎有某种快速解法，但实际上，我们是通过稳扎稳打的推理逐步找出答案的。与其一味追求捷径或"灵光乍现"，不如采用简单且稳妥的思路。随着条件的逐步增加，我们可以迅速缩小最初的大量可能性，最终精准锁定正确答案。

这道题给我们的启发是：想要全面掌握局势，就必须先梳理所有信息和可能性；解决问题时，要脚踏实地，避免急于求成。

全局思维 3

能否揭示隐藏的事实？

难易度 ★★☆☆☆

遗漏的印刷错误

编辑A和编辑B正在检查同一本书。A发现了75个印刷错误，B发现了60个印刷错误，其中有50个印刷错误是A和B共同发现的。

> 75…
> 60…

那么，你觉得这本书大致有多少个印刷错误呢？

注：本题和解析仅适用于逻辑思维练习，不代表真实编辑校对工作的计算方式。

> **解说** 有没有办法推测出那些尚未发现的印刷错误呢？单靠心算可能会让大脑一团乱，其实，有一种方法能帮我们轻松掌握整体情况，让答案自然而然地浮现出来。

掌握整体情况的好方法

A 发现了 75 个印刷错误，B 发现了 60 个印刷错误，其中有 50 个印刷错误是 A 和 B 共同发现的——仅凭这些数字，我们还是很难直观理解，但如果用图呈现，情况就会变得清晰明了。

下方的图直观展示了 2 人发现的印刷错误分布，重点在于部分错误是 2 人共同发现的：

B发现了60个印刷错误
↓

10	?
50	25	← A发现了75个印刷错误

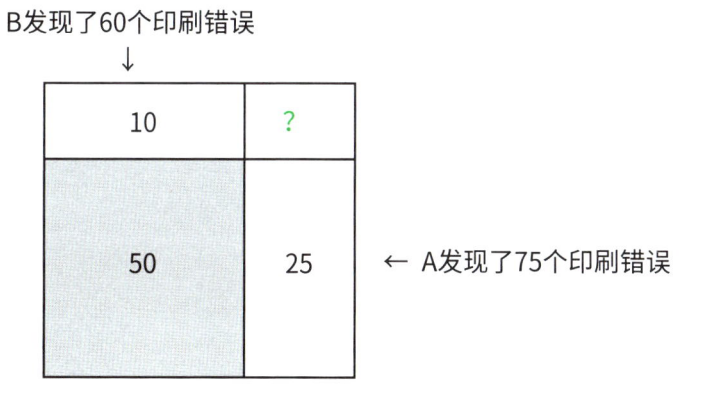

图中灰色部分表示 A 和 B 共同发现的印刷错误。现在，我们需要确定的是右上角区域，即两人都未发现的印刷错误数量。

计算比例关系

这里的关键在于通过比例关系来推导答案。在 B 发现的错误中，仅由 B 发现的错误与 A 和 B 共同发现的错误的比例关系是 10∶50 = 1∶5。

将这个比例应用于 B 未发现的错误部分，可以建立以下关系：

- 仅由 B 发现的错误与 A 和 B 共同发现的错误的比例
- B 未发现的错误与仅由 A 发现的错误的比例

我们假设这两者的比例相同，就能算出上图中"？"部分的数值：

1∶5 = ? ∶25 → ? = 5

A 和 B 都未发现的印刷错误共有 5 处。

B发现了60个印刷错误
↓

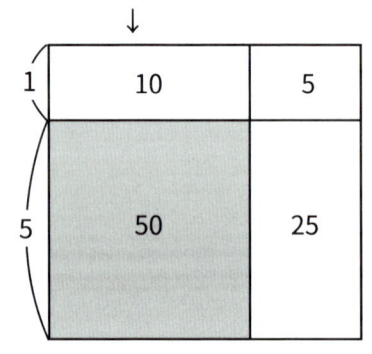

1	10	5
5	50	25

← A发现了75个印刷错误

接下来，我们将所有数字相加：10 + 5 + 50 + 25 = 90。也就是说，这本书的印刷错误大致有 90 个。

答案 | 90个

> **总结**
>
> 　　将已知信息整理成图表，并通过计算比例关系来推测印刷错误的数量，这是一种有趣且实用的推理方式。这里得出的"90个错误"只是一个近似值，实际上，我们无法确定这本书的印刷错误总数是否正好是 90 个。但通过逻辑推理得出合理的估算，远比完全摸不着头脑要有价值得多。
>
> 　　在现实生活中，即使无法得出精确答案，能够得出一个合理的估计值也能提供有意义的参考。具备这样的推理能力，意味着即使面对不完全的信息，也能找到合理的依据，推测出大致的范围或走势，这正是全局思维的表现。

全局思维 4

能否跨越时间洞察现状？

难易度 ★★★☆☆

国外的餐厅

有5个人来到了1家国外的餐厅。菜单上有9道菜品，这5人想在社交媒体上介绍这些菜品。但菜单上使用的是外语，而且没有图片，所以他们不知道对应的菜名是什么，上菜的服务员也不会告诉他们菜名。

而且由于日程安排，他们只能去这家餐厅3次，并且每人每次只能点1道菜品。

另外，他们每次来都必须改变点菜的组合。

并且必须在3次之内点齐9道菜品。

怎样才能确定9道菜品的名字到底是什么呢？

注：他们可以记录点过的菜品和本次端上来的菜品。

解说 根据点餐方式，有些菜品的名字可以通过对比确定。例如，让 2 人点名为 A 的菜品，另外 3 人点名为 B 的菜品，这样当菜品端上来时，就能明确 2 份的是 A，3 份是 B。然而，这种方法的局限性在于，即使连续 3 次采用这种点餐方式，最多也只能确认 6 道菜，而菜单上共有 9 道菜需要确定。

提示1 这 5 人可以记录点过的菜品和本次端上来的菜，以便后续对比分析。

提示2 这 5 人可以通过重复点餐的方法来确定菜名，但没有必要重复点 1 道菜品超过 3 次，那样必然会导致有的菜没有被点到足够的次数。

提示3 在整个过程中，有 1 道菜品只点过 1 次。

可以通过"数量"确定菜品

出题人出这道题的目的是将菜单上的菜名与实际端上来的菜品一一对应。假设菜单上的 9 道菜分别是 A、B、C、D、E、F、G、H、I，如果能确定诸如"A 是牛排""C 是汤"等信息，这道题就算完成了。

假设 5 人第 1 次点餐的组合是 A、A、A、B、C。这时，可以确定出现 3 份的菜品是 A。但仅凭这些信息，还是无法确定哪个是 B，哪个是 C。如果点餐的组合是"A、A、B、B、C"，那么可以确定单独出现的那道菜是 C。但在这种情况下，由于 A 和 B 都出现了 2 份，也无法确定哪个是 A，哪个是 B。

也可以通过"重复"确定菜品

除了通过数量来确定菜名外,还有没有其他方法呢?你可能已经注意到了"可以去餐厅 3 次"这个条件——如果第一次点餐未能确定菜品的名称,后续点餐时还可以再选,从而确定它们的对应关系。因此,重复点餐是本题的关键策略。

假设第 1 次点餐的组合是"A、A、A、B、C",第 2 次点餐的组合是"B、D、D、D、E",那么菜品分别满足以下条件:

A → 在第 1 次点餐中出现了 3 次

B → 在第 1 次和第 2 次点餐中重复出现

C → 只在第 1 次点餐中出现了 1 次

D → 在第 2 次点餐中出现了 3 次

E → 只在第 2 次点餐中出现了 1 次

其中,A 和 D 在第 1 次和第 2 次点餐中分别出现了 3 次,因此可以确定它们的菜名。B 在 2 次点餐中均出现过 1 次,因此它的菜名也可以确认。此外,C 和 E 在 2 次点餐中分别只出现了 1 次,在已知其他重复菜品名称的情况下,它们对应的菜名也能被确定。

这样,仅通过 2 次点餐,我们便成功锁定了 5 道菜品,大幅缩小了剩余菜品的范围,为第 3 次点餐提供了更加精准的参考依据。

"可以记录"是关键点

目前仍未确定的菜品是 F、G、H、I，但剩下的点餐机会仅有 1 次，显然无法在 1 次点餐中同时确认 4 道菜品的名称。第 1 次和第 2 次点餐之所以能够确定 5 道菜品的名称，正是因为重复点餐带来了对比和确认的可能性。因此，在第 3 次点餐时，我们同样需要重复部分菜品，以便根据已知信息推断出仍未确定的菜品名称。

这里需要特别注意的是"可以记录点过的菜品和本次端上来的菜品"这个条件——如果第 3 次点餐中有菜品与第 1 次点餐重复，我们可以通过记录这些信息，把它们识别出来。

具体来说，通过以下方式重复部分菜品，进行比对和记录，就可以推断出 9 道菜品的具体名称：

在第 2 次点餐时重复部分第 1 次点餐的菜品
在第 3 次点餐时重复部分第 1 次点餐的菜品
在第 3 次点餐时重复部分第 2 次点餐的菜品

3次点餐确定9道菜品名称的方法

现在，解题所需的所有线索已经齐备。确定菜品名称的具体方法整理如下：

1次点餐，部分菜品点多次

1次点餐，部分菜品只点1次

几次点餐，重复点部分菜品

接下来，让我们从第1次点餐开始重新整理思路。将上述方法应用到题目中，就会得到如下的点餐方式：

第1次点餐：A、B、B、C、D

通过"1次点餐，部分菜品点多次"可以确定B的菜名。"A、C、D"可以在剩下的2次机会中重复点餐。比如，在第2次点餐中重复D，在第3次点餐中重复A，这样就可以分别确定这2道菜品的名称。按下来，在任何一次点餐中都没有重复过的C的菜品名称，自然也就可以确定了。

按照这个思路进行每轮的点餐，具体如下：

第1次点餐：A、B、B、C、D

第2次点餐：D、E、E、F、G

第3次点餐：G、H、H、I、A

现在我们看看是否所有的菜名都可以确定。首先，通过"1次点餐，部分菜品点多次"可以知道以下菜品的名称：

B → 第1次点餐中出现了2次

E → 第2次点餐中出现了2次

H → 第3次点餐中出现了2次

接下来，通过"几次点餐，重复点部分菜品"可以确定以下菜品的名称：

A → 在第 1 次和第 3 次点餐中重复出现
D → 在第 1 次和第 2 次点餐中重复出现
G → 在第 2 次和第 3 次点餐中重复出现

最后，通过"1 次点餐，部分菜品只点 1 次"可以知道以下菜品的名称：

C → 只在第 1 次点餐中出现了 1 次
F → 只在第 2 次点餐中出现了 1 次
I → 只在第 3 次点餐中出现了 1 次

这样，通过 3 次点餐，我们就确定了全部 9 道菜品的名称。

答案

将9道菜品分别命名为"A、B、C、D、E、F、G、H、I"，按照以下方式点餐，就可以确定所有菜品的名称：
第1次点餐：A、B、B、C、D；
第2次点餐：D、E、E、F、G；
第3次点餐：G、H、H、I、A。

总结

这道题的关键在于能否意识到"可以重复点餐"这一条件的作用，尤其是"在第 1 次和第 3 次点餐中重复点餐"的方法。只有具备更广阔的视野，才能看到这种解题策略。如果只局限于通过一次点餐就确定所有菜品，那么可能就无法找到正确的答案。

全局思维 5

能否揭示隐藏的规律？

难易度 ★★★☆☆

2张卡片

你有3个同事，1人总是说真话，1人总是说假话，还有1人真话和假话交替着说。
你蒙上眼睛，
从1个装有很多红色和蓝色卡片的箱子里随机取出1张卡片，然后问3个同事："它是什么颜色的？"
他们的回答如下：
A说是蓝色，B说是蓝色，C说是红色。

当你取出第2张卡片并问同样的问题时，他们这样回答：
A说是红色，B说是蓝色，C说是蓝色。

你取出的是2张什么颜色的卡片呢？

解说 题目只要求确定 2 张卡片的颜色，因此我们无需关注它们抽取的顺序，只要确认它们的颜色组合即可。换句话说，在回答这个问题时，无需区分哪张卡片是第 1 张，哪张是第 2 张。

隐藏在问题中的第1条线索

首先，答案的可选项并没有想象的那么多。因为卡片的颜色只有红和蓝 2 种，所以 2 张卡片的颜色组合只有 3 种：①蓝红，②蓝蓝，③红红。关键是我们该如何进一步缩小范围。

接下来的解题策略是将"真话和假话交替着说"的那个人排除在外，因为我们无法判断这个人口中的信息是真是假。我们先只关注"老实人"和"骗子"的回答。由于 2 人中 1 人总是说真话，另 1 人总是说假话，也就是说：

如果展示的是蓝色卡片，1 人会回答"蓝色"，另 1 人会回答"红色"。

如果展示的是红色卡片，1 人会回答"红色"，另 1 人会回答"蓝色"。

没错，他们的答案一定是相反的。

不需要确定真实身份也能得出答案

　　虽然我们不知道具体谁是"老实人",谁是"骗子",但这并不重要。因为无论谁是"老实人"或是"骗子",有一个明确的事实是,他们在第 1 次和第 2 次回答时的答案应该是不同的。而 2 次的回答有差异,也就意味着 2 张卡片的颜色是不同的。请再看一下这道题问的是什么,只要知道 2 张卡片的颜色组合就可以了。所以,答案就是蓝色和红色。而 B 2 次的回答跟 A 和 C 并不都是相反的,那他自然就是那个交替着说真话和假话的人。

| 答案 | 蓝色和红色 |

总结

　　收集所有信息与可能性,梳理问题的全貌,这一过程为思考提供了充分的素材。通过系统整理各项信息,我们能更有条理地运用逻辑思维、批判性思维和横向思维,从而为解决问题做好充分准备。

能否找到缩小范围的线索？

难易度 ★★★☆☆

全局思维 **6**

10人交换名片

你和 1 个同事
从另外 4 家公司各邀请了 2 人来参加派对，
派对共有10人参与。
每人只与初次见面的人交换了名片。

随后，你询问除自己以外的 9 名参加者
"你与多少人交换了名片"，
结果 9 人给出了完全不同的答案。

请问，你的同事与多少人交换了名片呢？

注：谁都不会和自己或自己的同事交换名片，毕竟他们彼此已经认识，不算初次见面。

第 4 章　只有具备全局思维能力的人才能答出的问题

找出隐藏的线索

虽然题目的表达略显复杂,但我们可以从前半部分的关键条件,"每人只与初次见面的人交换了名片"推断出**没有人与同事交换名片这个事实**。这是一条隐藏的解题线索。

最多可以和几人交换名片?

通过"没有人与同事交换名片"这个信息,可以得知**每人最多能与多少人交换名片**。

参加派对的有你和你的同事这 1 组,以及被邀请的 4 组客人,总共 10 人。结合前提条件,实际上每人最多只能与 8 人交换名片。接下来再根据"关于交换名片的人数,9 人给出了完全不同的答案"这一线索,可以得知 9 人对"你与多少人交换了名片"这个问题的回答分别为:

"0 人""1 人""2 人""3 人""4 人""5 人""6 人""7 人""8 人"。

与8人交换名片的人

通过俯瞰全局，整理出所有可能性后，我们可以逐一进行分析。为了便于理解，假设你自己为 A，你的同事为 B。其余 4 组的 8 人分别为：① C-D，② E-F，③ G-H，④ I-J。

如果没有明确的线索，我们可以从"最大值"和"最小值"切入，先假设与最多人（也就是 8 人）交换名片的人是谁。假设这个人是 C，由于没有人与自己的同事交换名片，所以 C 与 8 人交换了名片，意味着除了 D 之外，C 与其他所有人都交换了名片。

具体情况如下图所示：

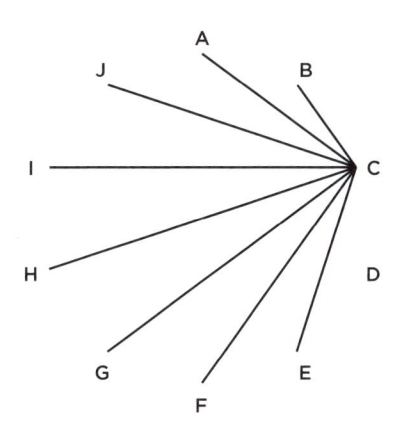

回想一下，关于"你与多少人交换了名片"这个提问，出现了"0 人"的回答。再反观上面的图表，就可以确定只有 D 才符合与 0 人交换名片的条件，因为其他所有人都跟 C 交换了名片。

与7人交换名片的人

接下来分析谁是与 7 人交换了名片的人。假设 E 与 7 人交换了名片，那么没有与 E 交换名片的有 3 人，即：①E（自己），②F（E 的同事），③D（与 0 人交换名片的人）。

具体情况如下图所示：

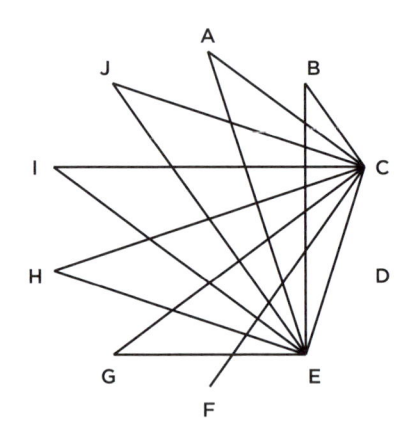

除了 D 和 F 之外的其他人人，都和 C（与 8 人交换了名片）以及 E（与 7 人交换了名片）交换了名片。而且，如前所述，D 没有与任何人交换名片。也就是说，只与 1 人交换了名片的人只能是 E 的同事 F。

与4人交换名片的人

后面的思路也是类似的。假设 G 是与 6 人交换了名片的人，那么他的同事 H 就是只与 2 人交换了名片的人，这 2 人分别是 C（与 8 人交换了名片）和 E（与 7 人交换了名片）。接下来，假设 I 是与 5 人交换了名片的人，那么他的同事 J 就是只和 3 人交换了名片的人。这 3 人分别是 C（与 8 人交换了名片）和 E（与 7 人交换了名片）以及 G（与 6 人交换了名片）。通过逐一分析，可以得出以下结论：

- C（与 8 人交换）— D（与 0 人交换）
- E（与 7 人交换）— F（与 1 人交换）
- G（与 6 人交换）— H（与 2 人交换）
- I（与 5 人交换）— J（与 3 人交换）

8 人的同事关系以及他们分别与多少人交换了名片已经很清楚了。最后，与 4 人交换了名片的人就只剩下 1 个。这个人到底是谁呢？由于其他 4 组的情况已经确定，**所以与 4 人交换了名片的人只能是剩下的 B（你的同事）**。

答案 | 你的同事与 4 人交换了名片。

总结

这道题展示了逻辑思维的强大力量。在俯瞰全局后，通过聚焦于最大值或最小值进行具体假设，可以逐步推动解题思路的展开。随着新的事实的发现或对某个假设的修正，我们能够逐步缩小可选项的范围。

全局思维 7

能否看清现状背后的意义?

难易度 ★★★☆

红蓝贴纸

A、B、C这 3 人被恶魔抓住了,恶魔分别在 3 人的脸上贴了红色或蓝色的贴纸,并命令他们:

"如果看到有人脸上贴着红色贴纸就举手。"

"必须在 1 分钟之内猜出自己脸上贴纸的颜色。"

3 人都只有 1 次发言机会。每人的脸颊两侧上贴的都是同 1 个颜色的贴纸。他们可以看到别人脸上的贴纸,但是看不到自己的,且 3 人之间禁止任何形式的交流。不过他们可以看到谁举起了手,也能听到谁回答出了自己贴纸的颜色。

怎样做才能让3人确定自己脸上贴纸的颜色呢?

注:3 人都拥有优秀的逻辑思维能力,并且知道贴纸的颜色都是红色或蓝色。

解说 首先要提醒你,从现在开始,考察全局思维能力问题的难度将大幅提升。接下来,我们将连续挑战3道经典的"囚徒逃脱"类推理题。

陷入困境时首先要做什么?

这道题的规则多,条件复杂,而且似乎没有太多可以作为解题线索的信息。当我们遇到这种复杂问题时,首先要做的就是梳理出所有可能的组合模式。对于A、B、C这3人来说,贴纸的颜色仅有红色和蓝色2种。因此,可能出现的情况共有以下8种。

A	B	C
红	红	红
红	红	蓝
红	蓝	红
蓝	红	红
红	蓝	蓝
蓝	红	蓝
蓝	蓝	红
蓝	蓝	蓝

接下来,由于题目中有一句"如果看到有人脸上贴着红色贴纸就举手",所以我们也将这个条件在表格中展现出来。在每种可能的组合模式中,会举手的人将在下面的表中用★来表示。

A	B	C	举手的人数
红★	红★	红★	3人
红★	红★	蓝★	3人
红★	蓝★	红★	3人
蓝★	红★	红★	3人
红	蓝★	蓝★	2人
蓝★	红	蓝★	2人
蓝★	蓝★	红	2人
蓝	蓝	蓝	0人

线索逐渐显现

通过观察表格，我们可以得出以下2个结论：

- **不可能出现"只有1人举手"的情况。**
- **没有人举手时，全员都是蓝色贴纸。**

刚看到题目时，你可能并不确定"举手的人数"是否能成为有用的信息。然而，一旦从宏观视角俯瞰全局，你会意识到这正是解决问题的关键所在。

下面，我们就按照举手人数的每一种组合模式逐一分析一下。首先看一下"2人举手"的模式。

A	B	C	举手的人数
红	蓝★	蓝★	2 人
蓝★	红	蓝★	2 人
蓝★	蓝★	红	2 人

在有 2 人举手的情况下，3 人中只有 1 人贴着红色贴纸。在此基础上，让我们从 A 的角度来思考一下这个问题。

假设 B 和 C 都是蓝色贴纸，如果这 2 人举手，A 就会知道"因为我脸上贴着红色贴纸，所以他俩才会举手"。

如果 B 贴着红色贴纸，C 贴着蓝色贴纸，则 A 和 C 会举手。A 看到 B 没有举手，会意识到"我的贴纸不是红色"，也就是说知道了自己的贴纸是蓝色。

如果 B 的贴纸是蓝色，C 的贴纸是红色，情况也一样。A 和 B 会举手，而 A 看到 C 没有举手，就会知道"我的贴纸不是红色，而是蓝色"了。

这对 A 以外的 2 人来说同样适用。也就是说，只要看到有 2 人举手，3 人便都会意识到：

• 如果除了自己以外有人的贴纸是红色的，则自己贴着蓝色贴纸。

• 如果除了自己以外的其他人贴的都不是红色贴纸，则自己贴着红色贴纸。

阴云密布

当 3 人都举手时，情况就变得比较复杂了。

A	B	C	举手的人数
红★	红★	蓝★	3人
红★	蓝★	红★	3人
蓝★	红★	红★	3人
红★	红★	红★	3人

我们通过观察表格可以得知，当3人都举手时，至少有2人脸上贴着红色贴纸。我们依然可以从A的视角来分析：如果除了自己以外的2人中，1人贴着红色贴纸，1人贴着蓝色贴纸，且2人都举手了，那么可以立即确定"自己的贴纸也是红色"。但是，如果除了自己以外的2人的脸上都是红色贴纸，那么他俩就会因为看到对方脸上的红色贴纸而举手，因此A就无法确定贴在自己脸上的是红色贴纸还是蓝色贴纸。接下来该怎么办呢？

沉默的意义

此时，"3人都拥有优秀的逻辑思维能力"这个题中的提示将发挥重要作用。这句话说明除了自己之外的2人也能进行如上逻辑性的分析。比如，遇到上表第3行，即A、B、C脸上贴纸的颜色分别是蓝、红、红的情况时，从A的角度看虽然无法确定正确答案，但从B和C的角度看，就属于"除了自己以外的2人，1人贴着红色贴纸，1人贴着蓝色贴纸"的情况。也就是说，B和C可以很快确认自己的贴纸颜色是红色。如果B和C立刻说出自己的贴纸颜色，则A就会知道自己贴着蓝色贴纸。至于上表第4行，即3人脸上的贴纸都是红色的情况，从B和C的角度来看，他们2人也无法确定答案。那会发生什么呢？没错，所有人都会保持沉默。

但是，这种沉默意味着目前所有人都无法确定答案。也就是说，3人在知道所有人都无法确认答案的同时，会意识到"原来大家都贴着红色贴纸"。这样，我们就找到了在所有组合模式下确定各自贴纸颜色的方法。

答案

- 当没有人举手时，自己贴着蓝色贴纸。
- 当有2人举手时，如果其他人中有贴着红色贴纸的，则自己贴着蓝色贴纸；如果没有，则自己贴着红色贴纸。
- 当有3人举手时，如果其他2人分别贴着红色和蓝色贴纸，则自己贴着红色贴纸；如果其他2人都贴着红色贴纸，且2人立即回答出各自的贴纸颜色，则自己贴着蓝色贴纸；如果其他2人都贴着红色贴纸，且此时没有人举手回答，则自己贴着红色贴纸。

总结

虽然这道题很复杂，但通过简化思维，梳理组合模式并逐一验证，我们可以顺利找到正确答案。我个人非常喜欢这类"在线索有限的情况下推导出答案"的题目。通过逻辑推理找到解决方案的过程，会带给我极大的成就感。

全局思维 8

能否认识到自己扮演的角色？

难易度 ★★★★☆

3人的苹果

A、B、C 3 人被恶魔抓住,并分别关在不同的房间里。

恶魔告诉他们:

"每个房间里都随机放了 1 到 9 个苹果。"

"每个房间的苹果数量各不相同。"

如果有人能猜出 3 个房间苹果的合计数,所有人就都会被释放。

3 人每人可以问 1 个问题,恶魔会诚实地回答"是"或"不是"。

3 人都能听到其他人的提问和回答。

A问:"合计数是偶数吗?"恶魔回答:"不是。"

B问:"合计数是质数吗?"恶魔回答:"不是。"

如果C的房间里有 5 个苹果,

C应该问什么样的问题,所有人才会被释放呢?

解说 这是第 2 道"囚徒逃脱"类题目。关键在于，3 人都能听到其他人的提问和回答。也就是说，有人可能在听到 C 的问题后，就能猜出正确答案。

提示 只要其中 1 人猜出正确答案即可。

梳理可能性

首先，我们要梳理出所有的可能性，这是最基本的原则。本题中，我们的已知信息有：

- 每个房间里有"最少 1 个""最多 9 个"苹果。
- 每个房间的苹果数量各不相同。

也就是说，3 个房间里的苹果合计数，可能的范围是：

- 最少：1+2+3=6 个苹果
- 最多：7+8+9=24 个苹果

因此，正确答案可能是下列数字之一：

6、7、8、9、10、11、12、13、14、15、16、17、18、19、20、21、22、23、24

但是这个范围太大了，能不能把范围再缩小一点呢？

通过恶魔的回答缩小范围

A 和 B 向恶魔提的问题也是重要线索。

- A 问："合计数是偶数吗？"恶魔回答："不是。"
- B 问："合计数是质数吗？"恶魔回答："不是。"

根据 A 和 B 的提问，我们可以从上述可能的答案中排除偶数和质数。也就是说，正确答案只能是下列数字之一：9、15、21。

很好，只剩下 3 个选项了，胜利看似就在前方。顺便提醒一下，到目前为止，我们都是根据已知信息推断出的结论。所以 A、B、C 这 3 人都知道，正确答案只可能是"9、15、21"中的一个。

如果苹果合计数是9

虽然我们已经将正确答案的范围缩小到了 3 个选项，但真正的问题才刚刚开始。C 只能问 1 次问题，而恶魔只会用"是"或"不是"来回答。也就是说，恶魔的回答方式只有 2 种，但可选项有 3 个。怎么办呢？

我们先来验证"9、15、21"这 3 个选项，分析当这几个数字分别是正确答案时，3 个人的心理活动会是怎样的，也就是基于逻辑思维原则进行假设和验证。

首先，假设正确答案是 9。已知 C 的房间里有 5 个苹果，说明 A 和 B 的房间里一共有 4 个苹果。根据"每个房间的苹果数量都不相同"这一前提条件，我们可以得知其中 1 个房间里有 1 个苹果，另一个房间里有 3 个苹果。在这种情况下，房间里有 1 个苹果的人会这样分析：

我的房间里有 1 个苹果。
也就是说，3 个房间的苹果合计数最大可能是 1+8+9=18 个，
最小可能是 1+2+3=6 个。
所以刚才的 3 个选项中，21 是不可能的，因为它不在 6 到 18 的区间范围内。
答案只能是 9 或 15 中的一个。

同样，房间里有 3 个苹果的人也会相应地做出如下分析：

我的房间里有 3 个苹果。
也就是说，3 个房间的苹果合计数最大可能是 3+8+9=20 个，
最小可能是 3+1+2=6 个。
所以刚才的 3 个选项中，大于最大合计数的 21 是不可能的。
答案只能是 9 或 15 中的一个。

如果正确答案是 9 个苹果，则 A 和 B 能够独立将正确答案的范围缩小为 9 或 15。

如果苹果合计数是15

接下来看看正确答案是"15"的情况。已知 C 的房间里有 5 个苹

果，说明 A 和 B 的房间里一共有 10 个苹果。根据"每个房间的苹果数量都不相同"这一前提条件，A 和 B 房间里苹果数量的组合有可能为 1 和 9、2 和 8、3 和 7、4 和 6。

与答案是"9"的情况相比，答案是"15"的可选组合有点多。回顾之前的分析方法，我们是从最大值和最小值入手进行验证的。所以我们可以先跳过答案是"15"的假设，分析一下可能合计数中的最大值"21"。

在面对复杂情况时，先让子弹飞一会儿，稍后再回过头来做分析判断，反而能帮助我们更高效地找到答案，节省时间。

如果苹果合计数是21

已知 C 的房间里有 5 个苹果，说明 A 和 B 的房间里一共有 16 个苹果。根据"每个房间最多能放 9 个苹果，且每个房间的苹果数量都不相同"这一前提条件，我们可以得知其中 1 个房间里有 7 个苹果，另一个房间里有 9 个。只剩下这 1 种可能性，那就很好验证了。

此时，房间里有 7 个苹果的人会做出如下分析：

我的房间里有 7 个苹果。
也就是说，3 个房间的苹果最大合计数可能是 7+8+9=24 个，最小合计数可能是 7+1+2=10 个。
所以刚才的 3 个选项中，小于最小合计数的 9 是不可能的。
答案只能是 15 或 21 中的一个。

同样，房间里有 9 个苹果的人也会相应地进行分析：

我的房间里有 9 个苹果。

也就是说，3 个房间的苹果最大合计数可能是 9+8+7=24 个，最小合计数可能是 9+1+2=12 个。

所以刚才的 3 个选项中，9 是不可能的，因为它不在 12 到 24 的区间范围内。

答案只能是 15 或 21 中的一个。

C 应该排除的"可能性"

至此，我们已经知道：

• 假设苹果合计数是"9"，则 A 和 B 可以推断出"答案是 9 或 15"。

• 假设苹果合计数是"21"，则 A 和 B 可以推断出"答案是 15 或 21"。

那么，C 需要做的，就是消除 A 和 B 的疑虑。为此，C 应该向恶魔提问："苹果的合计数是 15 个吗？"

如果恶魔回答"是"，说明答案就是 15 个；如果回答"不是"，则答案是 9 或 21 之一。不过在正确答案是 9 或 21 的情况下，A 和 B 已经通过刚才的分析，分别将答案范围缩小到"9 或 15"以及"15 或 21"。再加上恶魔的回答已经排除了 15 个，所以另外 2 人自然能得出正确答案。

C直到最后都不知道答案

这个问题的有趣之处在于，向恶魔提出问题的 C，直到最后都不知道答案。

当 C 问恶魔"合计数是不是 15"，而恶魔回答"不是"的时候，C 只能将答案的范围缩小到 9 或 21。由于 C 的房间里有 5 个苹果，所以 C 对于 3 个房间的苹果合计数的最大值和最小值的分析为：

- 最大值：5+9+8=22 个
- 最小值：5+1+2=8 个

这说明 9 和 21 都有可能是正确答案。因此尽管 C 知道正确答案不是 15，但他无法确定 9 和 21 到底哪个才是正确答案。不过 A 和 B 这 2 人中，至少有 1 人能推导出正确答案。

答案 | C 应该问恶魔："苹果合计数是 15 吗？"

总结

从宏观角度俯瞰全局，可以准确地定位自己的角色，并意识到"尽管自己无法确定答案，但是另外 2 人一定能够推理出正确答案"这一解题关键点。

能否洞察他人的想法？

难易度 ★★★★☆

全局思维

9

房间的密码锁

A、B、C 3 人被恶魔抓住，并分别关在不同的房间里。每个房间的门上都安装了一把 3 位数的密码锁，而他们要想逃脱，就必须解开密码。恶魔告诉 3 人："3 把密码锁的密码是相同的，且密码是介于 000 和 999 之间的数字。这 3 个数字相加之和为 9，每个数字都大于或等于左侧的数字。"

不仅如此，恶魔还告诉了 A 最左边的数字，B 中间的数字，C 最右边的数字。3 人虽然不能互相交流，但随时都可以知道谁在什么时候打开了锁。刚开始，3 人都打不开锁，但是过了一会儿，B 率先打开了锁，随后 C 和 A 也相继打开了锁。

请问正确的密码是什么呢？

第 4 章　只有具备全局思维能力的人才能答出的问题

确认复杂情况

　　首先确认一下要点：3 个密码锁的密码是一样的，并且密码是介于 000 和 999 之间的数字。也就是说，正确的密码是诸如 "256" "489" 这样的 3 个数字组合。找出这几个数字，就可以打开所有的密码锁。

　　已知条件 "3 个数字相加之和为 9，并且每个数字都大于或等于左侧的数字"。假设答案是 "126"，因为 1+2+6=9，3 个数字相加的和为 9，所以这个假设包含在正确答案的选项中。但如果是 "589"，由于 5+8+9=22，所以这个组合不可能是正确答案。

　　另外，因为 "每个数字都大于或者等于左侧的数字"，比如 "225" 这个组合，2 = 2 < 5，所以这个组合也包含在正确答案的选项中。但如果是 "522" 的话，第 1 位数字比第 2 位大，所以这个组合不可能是正确答案。

　　恶魔还告诉了 A 最左边的数字，告诉了 B 中间的数字，告诉了 C 最右边的数字。这意味着，从 A 的视角来看，这个三位数是 "A？？"，从 B 的视角来看是 "？B？"，从 C 的视角来看是 "？？C"。

　　当然，上述情况 3 人都了解。 因此，"B 最先成功开锁" 就成了本题最关键的线索。

可选项出奇地少

　　那么我们来思考一下正确答案的可能性。正确的数字组合是 000 和

999 之间的数字，且 3 个数字相加之和为 9，每个数字都大于或等于左侧的数字。事实上，符合所有条件的数字组合并不多，即使全部写出来，也不会花费太多时间。

首先从最小的 0 开始。我们可以按照"左边的数字是 0，中间也是 0，那么右边的数字就是 9"这样的逻辑逐一分析看看。

如果左边的数字是 4，那么中间的数字必须大于等于 4，右边的数字也必须大于等于 4，那么它们相加之和就会超过 9。也就是说，最左边的数字最大只能是 3。这样逐一梳理后，我们得到了以下 12 个数字组合，正确的密码就"藏身"于这些组合之中。

009	117	225	333
018	126	234	
027	135		
036	144		
045			

脱口而出的组合

如果答案是"009"，恶魔会告诉 A"左边的数字是 0"，告诉 B"中间的数字是 0"，告诉 C"右边的数字是 9"。而刚才表中**"中间的数字是 0""右边的数字是 9"的组合只有"009"**。也就是说，如果 B 听到"中间的数字是 0"，他立刻就能判断出正确答案是"009"。同理，如果 C 听到"右边的数字是 9"，他也会立刻判断出 A 和 B 的数字都是"0"。

如果答案是"018"和"333"，也是同样的情况。因为右边的数字是 8 的只有"018"，右边的数字是 3 的也只有"333"。所以在这些情况下，知道右边数字的 C 可以立刻解开密码锁。

也就是说，如果正确答案的密码组合是"009""018""333"中的任何 1 种，3 人中的某个人都可以立刻打开密码锁，与"B 率先打开了锁，随后 C 和 A 也相继打开了锁"这一条件相矛盾。

所以我们就可以排除"009""018""333"作为正确答案的可能性。

为什么B可以率先开锁？

让我们再观察一下表格中的组合，特别是中间的数字，它可能隐藏着 B 能率先解锁的线索。如果中间的数字是"2""3""4"，由于存在同样的组合，B 无法确定正确答案，只有当中间的数字是"1"时，才会出现唯一可能的组合"117"。

对于 B 来说，本来还存在着"018"这种可能性，但如果答案是"018"，则 C 应该立刻知道答案，但 C 却没有打开锁，说明这个选项是错的。

因此，B 确定了正确答案只能是"117"。也就是说，最终的正确密码就是"117"，而唯一可以最先意识到这一点的 B，就是最先打开密码锁成功逃离房间的人。

027	117	225
036	126	234
045	135	
	144	

全员安全逃离

当 C 得知 B 已经解开了密码锁时，C 也会沿着同样的思路进行分析。由于正确的密码是"117"，所以 C 从恶魔那里听到的就是"右边的数字是 7"。而右边的数字是"7"的组合，除了正确的"117"之外，还有一个"027"。但由于 B 已经成功开锁，C 意识到，如果正确的答案是"027"，则 B 应该无法确定答案。也就是说，正确答案不是"027"，而是"117"。

随后，C 也顺利解开了密码锁。同理，A 也可以通过这种分析得到答案。

这样，全员都成功逃离了房间。

答案 | 117

总结

这道题来自美国国家安全局（NSA）的官方网站。NSA 与美国中央情报局（CIA）齐名，是汇聚全美顶尖人才的情报机构之一。

这类"齐心协力才能从囚禁中逃脱"的题目，每个关键点都在于能否从全局视角出发，推测并预判他人脑中的信息。

全局思维 10

能否发现数字中的玄机?

难易度 ★★★★★

7名嫌疑人

你最爱吃的蛋糕被人偷吃了,所以你找到了7名嫌疑人(A~G)。7人中有老实人也有骗子。老实人总是说真话,骗子总是说谎。

你向7人提出了以下问题:

① "你是不是吃蛋糕的人?"
② "7人中有几个犯人?"
③ "7人中有几个老实人?"

7人对3个问题的回答如下:

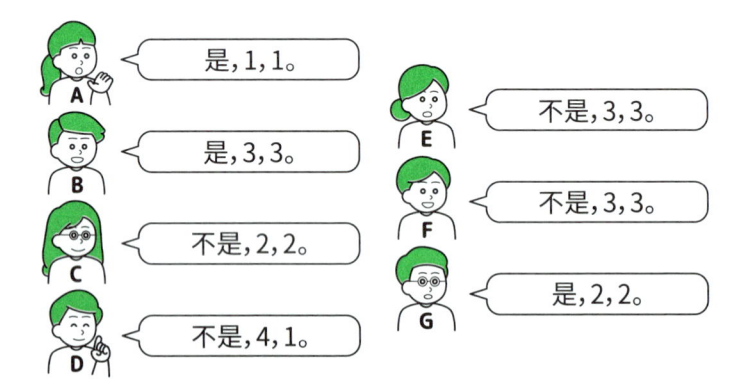

A:是,1,1。
B:是,3,3。
C:不是,2,2。
D:不是,4,1。
E:不是,3,3。
F:不是,3,3。
G:是,2,2。

究竟是谁偷吃了蛋糕?

注:犯人可能不止1个。
另外,7人中至少有1人是老实人。

提示1 老实人的数量≥1。
提示2 首先应该重点关注第 2 个问题。
提示3 针对第 2 个问题给出相同答案的人有哪些？
提示4 假设每人的发言都是真的会怎样？

麻烦的双重证明

一般来说，这类问题只要识别出老实人和骗子就能解决了，但这道题问的是"谁偷吃了蛋糕"。也许老实人吃了，也许骗子并没有偷吃，也许有多个老实人和骗子都吃了蛋糕。

虽然梳理出所有可能性的过程会非常复杂，但显然我们不能妄想在不区分老实人和骗子的情况下就找出偷吃蛋糕的犯人。所以我们需要分两步进行：**先区分人群中的老实人和骗子，再在此基础上寻找犯人。**

简化7个回答

解决问题的线索是 7 个人给出的回答。但如果逐一验证每个人的回答，可能会使情况变得更加混乱。事实上，我们可以先根据对某个问题的回答将 7 人分组。那么在你提出的 3 个问题中，哪一个会成为解题的关键点呢？

① "你是不是吃蛋糕的人？"

如果优先考虑第 1 个问题，似乎没有什么意义。因为这个问题的回答只能将 7 人分为"是"和"不是"两组，不会改变任何情况，也不会简化验证的复杂性。

而且，针对这个问题回答"是"或"不是"的人，**我们也无法确定他们说的是真话还是假话**。回答"是"的人也可能是"老实的犯人"或者"无辜的骗子"。所以，在老实人和骗子的人数尚未确定的阶段，即使验证了这些回答，从逻辑上也无法得出任何有意义的结论。

② "7 人中有几个犯人？"
③ "7 人中有几个老实人？"

与第 1 个问题相比，这两个问题更像是解题的线索。但如果用第 3 个问题的回答来对 7 人进行分组，最终结果可能与第 2 个问题的分组情况相同。因此，让我们先根据第 2 个问题的回答来对 7 人进行分组。具体分组情况如下：

A："犯人为 1 人。"
D："犯人为 4 人。"
C、G："犯人为 2 人。"
B、E、F："犯人为 3 人。"

说犯人为1人的A

首先从 A 开始分析。A 对 3 个问题的回答分别是：**自己是犯人，犯人为 1 人，老实人为 1 人。**

假设这些话都是真的，那么除了 A 以外，其他所有人就都是骗子。这样一来，C、D、E、F 这 4 个人的说法就和 A 所言矛盾（他们声称"自己不是犯人"）。因此，**A 不是"老实人"，而是"骗子"**。通过 A 的其他回答，可以确定：

- A 是骗子但不是犯人。
- 犯人不止 1 人。
- 老实人不止 1 人。

说犯人为4人的D

接着来看看说"犯人为 4 人"的 D 的回答。和刚才分析 A 的情况一样，D 也说"老实人有 1 人"，所以 D 也是骗子。因此，通过 D 的其他回答，可以确定的新线索为：

- D 是骗子且是犯人。
- 犯人不是 4 人。

说犯人为2人的C、G

现在我们来看看说"犯人为 2 人"的 C 和 G 的回答。

由于他们回答的"犯人"和"老实人"的人数一致，说明 C 和 G 回答的真假应该也是一致的。

首先，目前已知的信息"老实人不止1人"和"犯人不是4人"，与2人的回答没有矛盾。

因为C和G都回答"老实人为2人"，所以除了C和G以外，另外的5人应该都是骗子。这意味着，声称"自己不是犯人"的D、E、F这3人是骗子且是犯人。但这样一来，包括G在内的D、E、F这4人将成为犯人，这与G自己所说的"犯人为2人"相矛盾。

因此，C和G不是"老实人"，而是"骗子"。通过2人的其他回答，可以确定：

- C是骗子且是犯人。
- G是骗子但不是犯人。
- 犯人不是2人。
- 老实人不是2人。

另外，本题的注中提到"7人中至少有1人是老实人"，也就是说，B、E、F中至少有1人是老实人。由于B、E、F这3人关于"犯人"和"老实人"的回答是完全一致的，说明B、E、F这3人都是老实人。

犯人是谁

现在，所有人的身份都清楚了。用表格总结如下：

	老实人/骗子	不是犯人/犯人
A	骗子	不是犯人
B	老实人	犯人
C	骗子	犯人
D	骗子	犯人
E	老实人	不是犯人
F	老实人	不是犯人
G	骗子	不是犯人

因此，犯人是骗子 C 和 D，以及自我暴露是犯人的老实人 B，共 3 人。

答案 | 偷吃蛋糕的人是 B、C、D。

总结

在处理信息量过大的问题时，通过汇总和筛选来简化信息，就能快速找到解决问题的线索。

全局思维 11

能否从细微线索洞察全局?

难易度 ★★★★★

隐藏的循环赛

8人参加掰手腕比赛,赛制为1对1的循环赛,每人都要和其他选手对战一次。胜者积1分,败者积0分,平局则双方各积0.5分。

最终比赛结果出炉后,
所有人的积分都不一样,
且第2名的积分和后4名的积分之和相等。

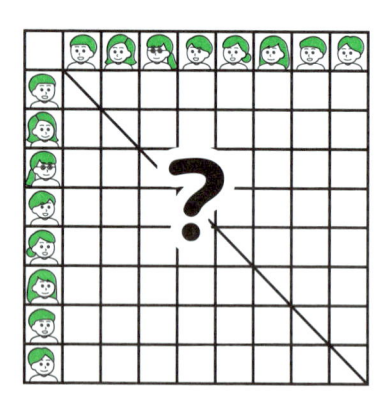

请问第3名对第7名的那场比赛谁赢了?

提示1 首先思考所有人的比赛场数。
提示2 每进行 1 场比赛，全员的总积分就会增加 1 分。
提示3 排名后 4 位的积分将成为解题的关键。

先增加线索

不管是谁看到这道题，都会觉得信息量太少，所以我们先要在此基础上增加线索。

首先，通过 8 人进行循环赛这个信息，我们可以得知总的比赛场数。因为每人需要进行 7 场比赛，一共 8 人，所以有 7×8=56 场比赛。但是，由于每场比赛有 2 人参加，所以实际的比赛场数是这个数字的一半，即 28 场。

另外，题目中还提到了"后 4 名"。我们用同样的方法来计算后 4 名之间的比赛场数，可以得知一共是 6 场。

第2名的积分线索

确定了比赛场数之后，接下来看看积分情况。根据比赛规则，可以得知每进行 1 场比赛，8 人的总积分就会增加 1 分。也就是说，8 人的总积分应该与比赛场数相同，即 28 分。

另外，我们刚才确定了后 4 名之间的比赛场数是 6 场。虽然不知道每个人与前 4 名的比赛场数，但后 4 名的总积分至少为 6 分。而且题中说"第 2 名的积分和后 4 名的积分之和相等"，也就是说，第 2 名的积分也至少为 6 分。

确定第2名的积分

正如我们刚才确认的，8 人进行循环赛，就意味着每人要进行 7 场比赛。也就是说，每人能得到的最高积分是 7 分。

已知第 2 名的积分至少为 6 分，所以他的积分只能是 6 分、6.5 分或 7 分。但是第 2 名不可能得到 7 分，因为只有全胜的人才能得到 7 分。既然在第 2 名前面还有个第 1 名，就排除了第 2 名得 7 分的可能性。

那么会不会是 6.5 分呢？也不可能。因为题中说"所有人的积分各不相同"，如果第 2 名是 6.5 分，第 1 名就只能是 7 分，只有全胜的情况下第 1 名才能得到 7 分。既然第 1 名全胜，说明第 2 名有 1 场比赛是输给第 1 名的，那第 2 名就不可能得 6.5 分。

至此可以确定，第 2 名的积分就是 6 分。而且，后 4 名的积分之和也是 6 分。

循环赛的规律

既然已经确定了第 2 名的积分是 6 分，那第 1 名的积分就只能是 7 分或 6.5 分。我们先假设第 1 名的积分是"7 分"，则得分情况为：

• 第 1 名 7 分

- 第 2 名 6 分
- 后四名的积分之和是 6 分

根据"8 人的总积分是 28 分"这个条件,可以得出第 3 名和第 4 名的积分之和应该是 9 分。另外,由于第 1 名全胜,第 2 名只输给了第 1 名,说明至少第 3 名输给了第 1 名和第 2 名。并且,考虑到"第 3 名的积分低于第 2 名"及"所有人的积分各不相同"这两个已知条件,第 3 名和第 4 名可能的积分组合就只有一种,那就是第 3 名 5 分,第 4 名 4 分。除此之外没有其他可能。

把目前为止我们得到的结果整理成如下表格:

排名	胜负	最终积分
第1名	○○○○○○○	7分
第2名	×○○○○○○	6分
第3名	××○○○○○	5分
第4名	×××○○○○	4分

第 2 名 1 败,输给了第 1 名。
第 3 名 2 败,输给了第 1 名和第 2 名。
第 4 名 3 败,输给了第 1 名、第 2 名和第 3 名。
现在确定了一个事实:第 1 名到第 4 名"都输给了排名比自己高的人,但都赢了排名比自己低的人"。

由规律推导真相

既然前 4 名都输给了排名比自己高的人，但都赢了排名比自己低的人，就说明后 4 名在与前 4 名的比赛中都输了。显而易见，第 3 名当然赢了第 7 名。这样，问题的答案就确定了。

如果假设第 1 名的积分是 6.5 分，前 4 名的积分将会发生如下变化：

- 第 1 名 6.5 分
- 第 2 名 6 分
- 第 3 名 5.5 分
- 第 4 名 4 分

在第 1 名和第 3 名比赛平局的情况下，上述积分的变化是有可能发生的。但是，这种情况对最终的正确答案并不产生影响。

答案 第3名赢了第7名。

总结

这道题的难点在于需要自己计算并获取解题所需的线索，比如"8人的循环赛意味着比赛的总场数是 28 场""胜者积 1 分，所以第 1 名最终的最高积分为 7 分"等。从不同角度审视已知的信息，让线索变得更多，可以帮助我们逐步找到思路并一步步推进分析的展开。

能否在思维的迷雾中摸索前行？

难易度 ★★★★★ + ★★

全局思维 12

第 4 章 只有具备全局思维能力的人才能答出的问题

隐藏的运动会

有一场只有 3 人参加的运动会，每个单项比赛的积分分配如下：第 1 名积X分，第 2 名积Y分，第 3 名积Z分，且每个名次的积分都是整数，且满足X>Y>Z>0 这个条件。

所有单项比赛结束后，没有出现过平局，
最终比赛结果如下：
A的总积分为22分。
B是标枪项目的第 1 名，总积分为 9 分。
C的总积分为 9 分。

请问百米短跑项目的第2名是谁？

提示1 积分为满足 X>Y>Z>0 条件的整数，这是一条非常重要的线索。
提示2 每个单项比赛中，3人的总积分是固定的。
提示3 "单项比赛场数"和"积分的分配"几乎可以同时确认。
提示4 每个单项比赛可以得到的总积分的最大值和最小值一目了然。

充满疑团的比赛

这道题的信息量很少，其中最大的疑团是"其他的单项比赛是什么"。关于单项比赛的描述只有以下2条：

"B是标枪项目的第1名，总积分为9分。"
"请问百米短跑项目的第2名是谁？"

现在可以确定，至少有"标枪"和"百米短跑"这2个单项比赛。然而，关于其他单项比赛的信息，不仅不清楚，连具体有多少个项目也无法确定。

既然关于单项比赛的信息非常有限，那么关于积分的信息中会不会有什么线索呢？事实上，除了总积分以外，其他相关要素也是未知的。因此，我们需要从总积分这一已知信息出发进行分析。没错，从已经确定的事实出发考虑问题是解题的常用方法。

某种发现揭示了可选项

目前已经明确的数字是 3 人的最终总积分，分别是 22 分、9 分和 9 分。将这些积分相加后得到的"40 分"是所有单项比赛的总积分。题中提到各单项比赛"各名次的积分为满足 X>Y>Z>0 这个条件的整数"，这说明单项比赛数量 × (X+Y+Z)=40。从这里可以得出一条重要的线索：所有单项比赛的数量是"能被 40 整除的数字"。

假设运动会共有 2 个单项比赛，因为"40÷2=20"，则 20 分就是 3 人在每个单项比赛中能得到的总积分。但如果单项比赛有 3 个，"40÷3=13.333……"不能被整除。

明确了这一点以后，就可以缩减可能的单项比赛数量。换言之，就是找出 40 的约数[①]，具体如下所示：

1、2、4、5、8、10、20、40

根据信息缩小选择范围

"积分为满足 X>Y>Z>0 条件的整数"这则信息还给了我们另一条重要线索，即每个单项比赛中，3 人可以得到的总积分的最小值。"X>Y>Z>0 的整数"的最小的可能值是"3>2>1>0"，这就意味着每个

[①] 对于整数 a 和 b（b ≠ 0），如果 a 除以 b 的商是整数且没有余数，那么 b 就是 a 的约数，或者说 a 能被 b 整除。

单项比赛的总积分至少为 6 分。这样一来，我们就可以明确以下信息：

①可能的单项比赛数量：1、2、4、5、8、10、20、40
②每场单项比赛可以得到的总积分：至少为 6 分
③可能的单项比赛场数 × 每场单项比赛可以得到的积分 =40（运动会总积分）

将这些信息汇总后，答案范围就大大缩小了。假设单项比赛共有 10 场，已知每场单项比赛的积分至少为 6 分，那么所有单项比赛的总积分至少为 60 分，这与"运动会总积分为 40 分"的事实矛盾，因此是不可能的。

按照这个方式去验证"单项比赛的场数为多少的情况下，上述公式成立"，就会得到如下表格：

单项比赛的数量	每个单项比赛的积分	是否符合逻辑
1	40	否。已知至少有2个单项比赛。
2	20	否。已知B是标枪项目的第1名，且总积分为9分，而A不可能在剩下的1个单项比赛中获得超过9分的积分，因此其总分不可能达到22分。
4	10	是。符合题意，与任何已知条件都不矛盾。
5	8	是。符合题意，与任何已知条件都不矛盾。
8	5	否。每个单项比赛的总积分至少为6分。
10	4	否。理由同上。
20	2	否。理由同上。
40	1	否。理由同上。

根据目前的信息，我们可以确定，要想实现总积分为 40 分，只

有当单项比赛的场数为 4 场或 5 场的时候才可以。

各名次的积分

现在我们已经将单项比赛的数量缩减到 4 或 5，且在 2 种情况下每个单项比赛的总积分也确定为 8 或 10。

首先假设单项比赛的数量为 4。因为总积分是 40 分，所以每个单项比赛的总积分是 10 分。满足"X＞Y＞Z＞0"条件的组合有 4 种，让我们分别验证一下。这时，已知的 3 人的最终总积分将成为解题的关键。

各名次积分	是否符合逻辑
5、3、2	否。即使A在4个单项比赛都拿下第1名，也达不到22分。
5、4、1	否。理由同上。
6、3、1	否。理由同上。
7、2、1	是。A可能拿到22分。

看来只有"7、2、1"这个积分组合是可能的。这样的话，A 的总积分可以是 22 分（获得第 1 名 3 次、第 3 名 1 次）。

但是，在这种情况下，B 的总积分无论怎样都不可能是 9 分。因为 B 已经在标枪项目中获得了第 1 名，说明 B 至少已经获得了 1 个 7 分，即使他在剩下的 3 个单项比赛中都是第 3 名，他的总积分也至少是 10 分（第 1 名 7 分，第 3 名 1 分，第 3 名 1 分，第 3 名 1 分），不符合"B 的总积分为 9 分"这个条件。

也就是说，单项比赛的数量不可能是 4 个。所以，最终确定单项比赛的数量是 5 个。

终于确定了最后的数字

目前已知单项比赛的数量是 5 个，每个单项比赛的总积分是 8 分。在这种情况下，满足"X＞Y＞Z＞0"条件的组合有 2 种，我们来验证一下这两种组合模式。

各名次积分	是否符合逻辑
4、3、1	否。积分最多为4×5=20，因此A达不到22分。
5、2、1	是。符合所有条件，没有矛盾。

最后的结论是单项比赛的数量是 5 个，积分的具体分配情况是"第 1 名 5 分""第 2 名 2 分""第 3 名 1 分"。

运动会结果揭晓

这道题问的是"百米短跑项目的第 2 名是谁"。但是百米短跑之类的字眼，到现在一次都没有出现过。我们这么努力得出的结果，是不是白费力气了？

在问题描述中，我们已经知道了 3 人的最终积分。随后，我们经过分析得知单项比赛的数量是 5 个，各名次的积分分配分别是 5 分、2 分、1 分。接下来，我们要思考一下这 3 人在 5 个单项中分别获得的积分情况。

首先分析 A 的情况。A 的最终总积分是 22 分，可能的组合只有"第 1 名 4 次（5 分 ×4）+ 第 2 名 1 次（2 分 ×1）"这 1 种。也就是说，A 只有 1 次没有获得第 1 名，这符合 B 在标枪比赛中获得第 1 名的前提条件。

其次分析 B 的情况。B 的最终总积分是 9 分。因为 B 在标枪项目中获得第 1 名，得到 5 分，所以在其他 4 个单项比赛中，B 每项都只能获得 1 分，都是第 3 名。

这样一来，A 和 B 在 5 个单项比赛中各自的排名就很清晰了。现在将以上内容总结如下：

单项比赛	A	B	C
标枪	第2名(2分)	第1名(5分)	第3名(1分)
?	第1名(5分)	第3名(1分)	第2名(2分)
?	第1名(5分)	第3名(1分)	第2名(2分)
?	第1名(5分)	第3名(1分)	第2名(2分)
?	第1名(5分)	第3名(1分)	第2名(2分)
	合计22分	合计9分	合计9分

这就是运动会的全部结果，请注意看一下 C 的排名。可以发现，C 除了标枪以外，在其他单项比赛中都是第 2 名。虽然我们不知道标枪以外的单项比赛都有哪些，或者哪一项才是百米短跑，但是，无论百米短跑项目是表格中的第几项，除了标枪项目以外的其他单项比赛，获得第 2 名的只能是 C。因此，最终的答案是 C。

答案 | 百米短跑项目的第2名是C。

总结

　　这道题同样来源于美国国家安全局。在没有明确提示的情况下，我们容易将时间浪费在"百米短跑结果是什么"或"其他单项比赛有哪些"等无关问题上。虽然已知的积分等信息看似对解题帮助不大，但通过分析，它们实际上提供了更多线索，帮助我们逐步接近答案。尽管通往答案的过程可能漫长，但不要急于求成——只有验证了所有可能性后，剩下的正确答案才是值得信赖的。

> **专栏**　　　　　　　　　　**创新者的窘境**

"创新者的窘境"是由美国企业家、管理学者克里斯坦森（Clayton Christensen）于1997年在其同名著作中提出的理论。该理论主要探讨了为什么一些管理良好的大企业会被新兴的小公司取代。

克里斯坦森将技术创新分为两种类型：持续性创新和突破性创新。持续性创新是指改进现有产品或服务，以满足现有客户的需求；而突破式创新则是指那些初期性能较差、价格低廉的产品或服务，满足了被现有市场忽视的客户需求，最终颠覆了原有市场格局。

克里斯坦森指出，企业过度专注于持续性创新，忽视了突破式创新，可能导致其在市场竞争中处于不利地位。他强调，企业应关注那些看似不起眼、初期市场份额较小的突破式技术，因为它们可能在未来对市场产生重大影响。

一个典型的案例是柯达公司。在20世纪60年代，柯达是全球最大的胶卷制造商，年销售额超过4000亿日元。然而，随着数码相机的出现，胶卷需求急剧下降。尽管柯达是全球首家开发数码相机的公司，但由于其在胶卷业务上获得了巨额利润，加之当时数码相机性能尚未成熟，柯达未能及时转型，最终在2012年申请破产保护。

克里斯坦森还指出，过度专注于持续性创新而忽视突破式创新，实际上是一种困境。他强调，企业应在持续性创新和突破式创新之间找到平衡，以保持长期竞争力。

在事业进展顺利时，企业可能会被现有的成功模式所束缚。此时，运用全局思维能力，从宏观视角审视当前的成就，思考是否能够持续下去是非常重要的。这种思维方式有助于企业及时发现潜在的突破式创新，保持竞争优势。

第 5 章

只有具备多维度思维能力的人才能答出的问题

如果说全局思维需要提升思维的高度，
那么多维度思维则需要转换思考问题的角度。

举个例子，虽然下雨可能会给我们的日常生活带来不便，
但对于雨伞厂商或农民来说，
经常下雨可能还是一件值得庆祝的事。
因此，即使面对同一件事情，如果可以突破常规视角的局限，
换个角度看问题，往往能发现未曾注意到的另一面。

几乎没有什么事情是绝对正确的。
真正的智者不会局限于单一视角，
而是能够从他人的角度分析问题的全貌，
从而找出最佳解决方案。
接下来，我将分享12道需要运用多维度思维来解决的题目。

能否切换视角进行思考？

难易度 ★☆☆☆☆

多维度思维 1

泥土谜题

你和哥哥一起干完花园里的杂活回到家。
虽然你们 2 人都能看到对方的脸，但看不到自己的脸。
父亲看到你们的脸后说："至少有 1 人的脸上沾了泥。"
随后父亲让你们俩面对面站着，
并说道："如果自己的脸上沾了泥，请举手。"

但是你和哥哥都没有举手。
可父亲继续说："如果自己的脸上沾了泥，请举手。"
此时，你应该怎么做呢？

第 5 章　只有具备多维度思维能力的人才能答出的问题

> **解说** 为什么刚开始你和你哥哥都没有举手呢？还有，当第 2 次又被问到同样的问题时，应该怎么做呢？可以试着从哥哥的角度思考一下。

意想不到的简单情况

要判断是否应该举手，需要了解你和哥哥现在所处的情况，分别有以下 3 种模式：

①只有你的脸上沾了泥；
②只有哥哥的脸上沾了泥；
③你和哥哥的脸上都沾了泥。

让我们思考一下自己处于哪种情况。

只有1人脸上有泥的情况

如果哥哥的脸上没有泥，你的思路应该是：既然至少有 1 人的脸上沾了泥，而哥哥的脸上没有泥，意味着脸上沾泥的就是我。

同理，从哥哥的角度来看也是一样的。如果你的脸上没有泥，哥哥会立刻想到"沾泥的是自己"。也就是说，如果只有 1 人的脸上沾了泥，沾泥的那个人会立刻意识到"沾泥的是自己"。

然而，在第 1 次提问时，2 人都没有回答。这种情况只能出现于模式③中。因为你能看到哥哥的脸上有泥，但无法判断自己的脸上是否沾了泥，所以你没有举手。

哥哥为什么没举手？

这种思维模式就是多维度思维。如果你能站在哥哥的角度思考他为什么没有举手，就能意识到：如果我的脸上没有沾泥，则哥哥应该意识到自己脸上沾了泥。但他并没有举手，说明我和他的脸上都有泥，所以我也没举手。通过这样的思考过程，你就可以确定自己的脸上沾了泥。

答案 你应该举手。

总结

不局限于自己的视角，从多种角度出发去思考，是多维度思维的基础。关键在于意识到视角转换的重要性。当你站在对方的角度考虑问题时，可能会发现对方的某个行为有不同的含义。

多维度思维 2

能否读懂别人的想法？

难易度 ★☆☆☆☆

头发凌乱的3人

你和哥哥、姐姐一起乘坐火车。
你们3人正在看书时，突然从窗户吹进来一阵风。
你放下书抬起头，轻声笑了出来。
因为你看到哥哥和姐姐的头发都乱了。

哥哥和姐姐也一直在轻声笑着。
看到这一幕，你的想法是：
他们两人应该都认为自己的头发是整齐的，
并且看到别人头发凌乱后笑了。
请问你的头发乱了吗？

2人为什么一直在笑

哥哥看着头发凌乱的姐姐笑了，姐姐看着头发凌乱的哥哥也笑了。也就是说，他们2人都认为自己的头发是整齐的，并且在笑话对方凌乱的头发。然而，这里出现了一个疑问：为什么2人一直在笑呢？

如果你的头发没有被吹乱，哥哥看到姐姐一直在笑，应该会这样想："姐姐一直在笑，而弟弟的头发并不乱，那么应该是我的头发被吹乱了，姐姐是在笑我。"

当哥哥意识到这一点时，他就应该止住笑声，去整理自己的头发。然而，哥哥并没有这么做，反而继续在笑。这时只有一种可能，那就是哥哥认为姐姐是因为看到弟弟（你）凌乱的头发而发笑。同样，姐姐也认为哥哥是因为看到弟弟（你）凌乱的头发而发笑。所以2人都没意识到自己的头发也乱了，并且一直在笑。由此可以推断，你的头发也是乱的。

答案 | 你的头发也是乱的。

总结

这是一道通过"读懂哥哥对姐姐的看法"来找到答案的题目。这类多维度思维题要求我们更频繁地转换思考视角。例如，从第三者视角进行分析，或者思考对方是如何看待你的。这些视角转换能帮助我们更全面地理解问题，找到答案。

多维度思维 3

能否洞察行为背后的意图？

难易度 ★☆☆☆☆

台阶上的帽子

你和哥哥、姐姐戴着帽子站在台阶上，按照从下至上的顺序依次是哥哥、你、姐姐。你们看不到自己帽子的颜色，但能看到站在自己下面台阶的人帽子是什么颜色。

你们 3 人都知道帽子是从 2 顶红色和 2 顶蓝色的帽子中随机选择的。父亲对你们说："如果谁能猜出自己帽子的颜色，谁就能得到奖励。"但是，一开始并没有人回答。

你能回答出自己帽子的颜色吗？

可以瞬间回答的情况

通过题目的条件可以看出，姐姐比你和哥哥占据更有利的位置，因为姐姐可以看到除了自己以外所有人的帽子。而且通过分析题意可以知道，当你和哥哥的帽子颜色相同时，姐姐可以立刻回答父亲的提问。因为无论是蓝色还是红色，颜色相同的帽子都只有2顶，所以，如果你和哥哥的帽子颜色相同，姐姐瞬间就会知道自己帽子的颜色跟你们不一样。

意识到沉默的含义

如果你和哥哥的帽子颜色相同，姐姐就能立即回答出自己的帽子是什么颜色——这一推论是已经明确的。但是题中说"一开始并没有人回答"。姐姐的沉默意味着：你和哥哥的帽子颜色不一样。而且，你知道站在你下面台阶的哥哥的帽子颜色。因此，只要你根据哥哥帽子的颜色选择一个不同的颜色进行回答，就可以得出正确答案。

答案 | 你能回答出自己帽子的颜色。

总结

　　这是一道有趣的题目，最先回答出来的并不是拥有最多信息量的人，而是信息量第二多的人。如果你能够从姐姐的角度分析她为何没有回答出自己帽子的颜色，那么你很可能会找出解答这个问题的关键

　　有时候，仅凭自己掌握的知识和信息是无法得出答案的，只有通过洞察他人的思维或行为意图，才能获得新的线索

能否预判未来的趋势？

难易度 ★★☆☆☆

多维度思维

4

3人水枪战

你、A和B 3人依次用水枪进行射击。
被射中的人将被淘汰，直到只剩下1人，
水枪战才算结束。

你们3人的射击能力有所不同：你的命中率是30%，
A的命中率是50%，B的命中率是100%。
所有人都会进行合理规划，
并采取最佳策略，以获得最终的胜利。

那么，作为第1个进行射击的人，
你应该采取什么样的策略才更可能获胜呢？

第 5 章　只有具备多维度思维能力的人才能答出的问题

解说 命中率50%的A和100%的B，应该选择谁作为对手呢？答案显而易见。但如果从另外2人的角度去分析，你可能会发现提升自己获胜概率的意外选项。

向A或B射击会发生什么？

在射击顺序上，你排在第1个。所以你既可以选择向A射击，也可以选择向B射击。假设你向A射击且命中了，那么A将会被淘汰，接下来就轮到B进行射击。而B的命中率是100%，所以你肯定会被射中。也就是说，为了赢得比赛，你在第1轮不能向A射击。

反之，如果你在第1轮射中了B，随后你和A将互相射击，但是你的命中率只有30%，而A的命中率是50%，所以你很可能会输。而且此时的射击顺序已经轮到了A向你射击，对你来说非常不利。因此，这种情况也要尽量避免。

能够操控A和B的意外选项

如果在第1轮中将A或B淘汰，你将处于不利地位。也就是说，在第1轮你不能淘汰任何人。因此，无论选谁，你都不能射中。

那么接下来就轮到A进行射击，而A会选择向B射击，因为对于A来说，在命中率30%的你和命中率100%的B中做选择，他肯定不会让命中率更高的B留下来。与此同时，A还会考虑到，如果自己这轮没有淘汰任何人，那轮到B射击时，B肯定会瞄准命中率更高的自己。所以 A 一定会选择先射击 B。如果 A 成功击中 B，那么只剩下你和 A，而此时刚好轮到你进行射击。

反之，如果 A 没有击中 B，那么 B 就会因为 A 的命中率高而选择射击 A，而且 B 可以做到 100% 命中 A，并将其淘汰。这样就只剩下你和 B，而此时也正好轮到你进行射击。

也就是说，你需要故意在第 1 轮中射击失误，从而创造出一个让另外 2 人 1 对 1 对决，并且还能在下 1 轮让自己先射击的局面。

答案 | 你故意在第1轮中射击失误。

总结

这道题的解题关键在于如何将对自己不利的情况转化为有利局面。由于你射击的命中率低于 A 和 B，你成为优先射击对象的可能性也最小。通过这种多维度思考，你可以找到"通过操控他人的行为为自己创造有利局面"的方法。

多维度思维 5

能否改变思维的方向？

难易度 ★★★☆☆

独来独往者酒吧

有一个酒吧聚集了很多喜欢独自饮酒的客人。
这个酒吧一共有25个座位，排成了一长排。
每位客人都会选择坐在离先到的客人最远的座位上。
而且，没有人愿意坐在和别人相邻的座位上。
如果进店后发现没有可坐的座位，客人就会选择离开。

假设服务员可以指定第 1 位客人坐在哪里，
要想让尽可能多的客人坐下来消费，
他应该怎样安排座位呢？

令人烦恼的客人选择

这个问题的目标是寻找"让尽可能多的客人坐下来消费"的方法。**我们先来分析一下酒吧可以接待的最多人数。**

酒吧一共有 25 个座位,而客人不愿意坐在和别人相邻的座位上。也就是说,能让尽量多的客人坐下来的安排是两端都有客人,每两个客人之间留有一个空位。

● ○ ● ○ ● ○ ● ○ ● ○ ● ○ ● ○ ● ○ ● ○ ● ○ ● ○ ● ○ ●
1 2 3 4 5 6 7 8 9 10 11 12 13 14 15 16 17 18 19 20 21 22 23 24 25

这样的话,最多可以坐 13 位客人,这是我们追求的理想目标。然而,客人并不会自动按照这种安排来坐。如果第 1 位客人坐在 1 号座位,下一位客人就会坐在最远处的 25 号座位,再下一位客人会坐在两人正中间的 13 号座位。接下来的客人会继续选择间隔最大的 7 号或 19 号座位。

● ○ ○ ○ ○ ○ ● ○ ○ ○ ○ ○ ● ○ ○ ○ ○ ○ ● ○ ○ ○ ○ ○ ●
1 2 3 4 5 6 7 8 9 10 11 12 13 14 15 16 17 18 19 20 21 22 23 24 25

截至目前都还很顺利,但接下来就有问题了,因为再下一位客人会坐在已经有人坐的座位之间,比如 1 号和 7 号之间的 4 号座位。同理,后面的客人也会分别坐在 10 号、16 号和 22 号座位。这样一来,就会变成以下这种局面:

● ○ ○ ● ○ ○ ● ○ ○ ● ○ ○ ● ○ ○ ● ○ ○ ● ○ ○ ● ○ ○ ●
1 2 3 4 5 6 7 8 9 10 11 12 13 14 15 16 17 18 19 20 21 22 23 24 25

至此，所有不与他人相邻的座位已经全部占用。也就是说，如果从 1 号座位开始安排，酒吧最终只能容纳 9 位客人。

从结论倒推

如果解题过程中遇到可能性众多的复杂情况，可以考虑从结论出发倒推，这就是所谓的"逆向思考"。

让我们再次明确一下希望实现的目标：

● ○ ● ○ ● ○ ● ○ ● ○ ● ○ ● ○ ● ○ ● ○ ● ○ ● ○ ● ○ ●
1 2 3 4 5 6 7 8 9 10 11 12 13 14 15 16 17 18 19 20 21 22 23 24 25

据此向前推演一步，如果能让客人坐在 1 号和 5 号座位上，那么 3 号座位就也可以安排客人了。

● ○ ● ○ ● ○ ● ○ ● ○ ● ○ ● ○ ● ○ ● ○ ● ○ ● ○ ● ○ ●
1 2 3 4 5 6 7 8 9 10 11 12 13 14 15 16 17 18 19 20 21 22 23 24 25

那么，怎么才能确保客人坐在 5 号座位上呢？只要 1 号和 9 号座位上有客人就可以了。

● ○ ○ ○ ○ ○ ○ ○ ● ○ ○ ○ ○ ○ ○ ○ ● ○ ○ ○ ○ ○ ○ ○ ●
1 2 3 4 5 6 7 8 9 10 11 12 13 14 15 16 17 18 19 20 21 22 23 24 25

这样，下一位客人自然就会坐在 1 号和 9 号中间的 5 号座位上。那么，如何才能确保客人坐在 9 号座位上呢？只需要 1 号和 17 号座位上有客人就可以了。

● ○ ○ ○ ○ ○ ○ ○ ○ ○ ○ ○ ○ ○ ○ ○ ● ○ ○ ○ ○ ○ ○ ○ ○
1 2 3 4 5 6 7 8 9 10 11 12 13 14 15 16 17 18 19 20 21 22 23 24 25

接下来，如何才能确保客人坐在 17 号座位上呢？只需要 1 号和 33 号座位上有客人就可以了。

但是这个酒吧只有 25 个座位。因此，服务员需要安排第 1 位客人坐在指定的 17 号座位上。这就是正确答案。顺便说一下，由于座位的排列是左右对称的，所以 9 号座位也是正确答案。

进行验证

我们来验证一下这样安排是否可行。首先，服务员让第 1 位客人坐在 17 号座位上。

○ ○ ○ ○ ○ ○ ○ ○ ○ ○ ○ ○ ○ ○ ○ ○ ● ○ ○ ○ ○ ○ ○ ○ ○
1　2　3　4　5　6　7　8　9　10　11　12　13　14　15　16　17　18　19　20　21　22　23　24　25

第 2 位客人会坐在离 17 号最远的 1 号座位。

● ○ ○ ○ ○ ○ ○ ○ ○ ○ ○ ○ ○ ○ ○ ○ ● ○ ○ ○ ○ ○ ○ ○ ○
1　2　3　4　5　6　7　8　9　10　11　12　13　14　15　16　17　18　19　20　21　22　23　24　25

第 3 位和第 4 位客人会分别坐在 9 号和 25 号座位。

● ○ ○ ○ ○ ○ ○ ○ ● ○ ○ ○ ○ ○ ○ ○ ● ○ ○ ○ ○ ○ ○ ○ ●
1　2　3　4　5　6　7　8　9　10　11　12　13　14　15　16　17　18　19　20　21　22　23　24　25

接下来客人会分别坐在 5 号、13 号和 21 号座位上。

● ○ ○ ○ ● ○ ○ ○ ● ○ ○ ○ ● ○ ○ ○ ● ○ ○ ○ ● ○ ○ ○ ●
1　2　3　4　5　6　7　8　9　10　11　12　13　14　15　16　17　18　19　20　21　22　23　24　25

后面的客人会分别坐在 3 号、7 号、11 号、15 号、19 号和 23 号座位上。

● ○ ● ○ ● ○ ● ○ ● ○ ● ○ ● ○ ● ○ ● ○ ● ○ ● ○ ● ○ ●
1 2 3 4 5 6 7 8 9 10 11 12 13 14 15 16 17 18 19 20 21 22 23 24 25

这样，服务员就成功安排了 13 位客人在酒吧落座。

答案 | 安排第 1 位客人坐在 17 号或 9 号座位上。

总结

如果从零开始考虑所有问题，我们可能会因为众多可能性而感到混乱。但如果从理想结果出发，进行逆向推理，并站在他人的立场上思考，我们就能清晰地看到事物朝着积极方向发展所要经历的步骤。你可以从做这道题开始，修炼自己逆向思考的能力。

专栏　　　　　　公地悲剧

这家酒吧虽然有 25 个座位，但由于客人们不愿意坐在与他人相邻的座位上，最终接待的客人数量非常有限。换句话说，客人们为了满足个人喜好，导致酒吧的运营效率大大降低。

这一情形与"公地悲剧"理论非常相似。公地悲剧是经济学中的一个著名理论，指当个体追求自身利益最大化时，可能会损害集体利益。该理论由美国生态学家加勒特·哈丁（Garrett Hardin）于 1968 年在《科学》杂志上发表的论文中提出。哈丁在这篇论文中描述了一个情境——

一群牧民共同在一片公共草场上放牧，每个牧民都希望通过增加自己的羊群数量来提高个人收益。由于牧民只需承担增加羊只的成本，所以他们往往忽略了每增加一只羊都会加重草场的负担。所有人都不断扩充羊群，最终致使草场过度放牧，资源枯竭，牧民们都遭受了损失。

如果每个人都能够自发地沟通合作，关注整体利益，实际上所有成员都将受益。公地悲剧提醒我们，在共享资源的使用中，个体应权衡个人利益与集体利益，避免过度消费，共同维护资源的可持续性。

在现实生活中，类似的情形屡见不鲜。例如，过度捕鱼导致海洋资源枯竭，过度开采地下水导致水资源短缺等。这些现象都体现了公地悲剧的影响，也强调了合理利用共享资源、加强合作与沟通的重要性。

多维度思维 6

能否引导他人实现预期目标?

难易度 ★★★★☆

分金币问题

A、B、C、D、E 5 个人要分 100 枚金币。
每人按照"A→B→C→D→E"的顺序分别提出一个
分配方案,随后 5 人分别投票表示"赞成"或"反对"。
如果赞成票达到或超过半数,分配方案就会被采纳。
如果分配方案未被采纳,提出方案的人将
被淘汰,由下一个人继续提出新的分配方案。

这 5 人都非常理性,谁也不想被淘汰,
并且每个人都想得到尽可能多的金币。
如果赞成或反对投票的结果都不会影响他们最终得到的
份额,他们就会选择反对。
**A 应该提出什么样的分配方案,
才能确保自己得到最多的金币呢?**

248

解说 这道题改编自著名的"海盗分金币"问题。由于如果有人被淘汰，自己分到的份额可能会增加，所以这5人应该都会反对其他人的提议。

提示1 如果直接分析题目讲述的具体情况，是无法顺利解题的。
提示2 先试想一下只有2人分金币的情况。
提示3 能分配到的金币数量是"0枚"还是"不是0枚"，差异巨大。

分析淘汰制度

这道题的关键在于淘汰制度。假设A提出平均分配方案，也就是每人获得20枚金币，是否采纳该方案，将由包括A在内的5人进行投票。如果赞成票达到或超过半数，方案将被采纳，如果未被采纳，则A将被淘汰，剩下的B、C、D、E 4人将重复相同的过程。解题的关键有2点：

①全员投票；
②如果赞成票达到或超过半数则采纳。

此外，题中提到"5人都非常理性"，意味着每个人都会非常有逻辑地预测，自己投赞成或反对票的后果，并据此做出决策。这样的话，对于A提出的"每人20枚"这个平均分配方案，除了A以外，其他4人一定会坚决反对。因为如果淘汰了A，剩下的4人也可以平均分配，而且每人都能得到25枚金币。

难以置信的答案

这道题目问的是"A 应该提出什么样的分配方案，才能确保自己得到最多的金币"，而答案却可能让人感到意外。所以我先透露一下，A 最多能得到 98 枚金币。

可能有人会认为这根本不可能。为什么这个方案能被其他人采纳呢？这个答案又是如何得出的？接下来让我们分析一下。

剩下2人的情况

如果继续按之前的方式分析，"A 提出某个方案，B 会这样想，C 又会那样想……"问题就会变得错综复杂。在这种情况下，我们不应局限于当前的状态，而要从将来的结果开始进行推理。

假设前面 3 人都被淘汰，最终就只剩下 D 和 E 这 2 人。此时，D 可以提出自己得 100 枚金币，E 当然会反对这个方案。但根据"如果赞成票达到或超过半数则采纳"的规则，投票结果一定是"1 票赞成（D）∶1 票反对（E）"，因此这个分配方案会被采纳。

也就是说，如果只剩下 D 和 E 这 2 人，E 将完全得不到任何金币。懂得逻辑分析的 D 和 E 也都清楚这一点。

剩下3人的情况

接下来，我们分析一下 A 和 B 被淘汰后的情况。这时，理性的 C 会提出一个方案：不分配给 D 任何金币。一方面，D 知道，只要淘汰了 C，他就可以按照前文所述的分配方案得到 100 枚金币。因此，D 会无条件地反对 C 的任何提议。

另一方面，E 也知道，如果 C 被淘汰，只剩下 2 人时，他完全得不到任何金币。所以，即使只能得到 1 枚金币，E 也会支持 C 的提议。因此，哪怕 C 的方案只给 E 分配 1 枚金币，投票结果也会是"2 票赞成（C 和 E）：1 票反对（D）"，分配方案通过。

剩下4人的情况

现在我们再分析一下 A 被淘汰后的金币分配情况。正如前面所述，当剩下 C、D、E 3 人时，D 知道他自己将得不到任何金币。因此，即使只能得到 1 枚金币，D 也会支持 B 的提议。所以，哪怕 B 的方案只给 D 分配 1 枚金币，投票结果也会是"2 票赞成（B 和 D）：2 票反对（C 和 E）"，分配方案通过。因此，在剩下 4 个人时，B 会提出"自己分走 99 枚金币，D 得到剩余 1 枚金币"的方案。

剩下5人的情况

根据以上分析，A 只需要给"如果 A 被淘汰，则后续得不到任何金币"的人 1 枚金币，就能获得他们的赞成票。而这两人正是 C 和 E。也就是说，A 应该提出的分配方案是：自己分走 98 枚金币，C 和 E 各分走 1 枚金币。

这样一来，赞成票就会超过半数。

> **答案** ｜ 在A的方案中，给A、B、C、D、E分配的金额应分别为98、0、1、0、1，这样赞成票会超过半数，A就可以获得98枚金币。

总结

和之前那道叫作"独来独往者酒吧"的题目类似，本题也需要运用逆向思维、从理想的结果倒推解决策略。通过这种思维方式，可以有效简化问题分析的复杂度。在这里强调一下，这道题之所以能够推理出答案，是因为题中所有的人都具有理性思维能力。如果没有这个前提，会发生什么呢？C 和 E 会对只分到 1 枚金币的方案感到非常气愤，从而投出反对票。但是他们没有意识到，这样做会导致自己颗粒无收。所以，站在他人的立场来全面思考问题至关重要。

能否制定出获胜的长期战略？

难易度 ★★★☆

多维度思维 7

工资投票

有一个国家实施了工资制度改革，所有66名国民的工资，包括国王在内，都变成了1美元。然而，国王有权提出重新分配工资的方案，该方案将由所有国民投票决定，如果赞成票超过反对票，方案就会被执行。每个人投票的逻辑是，只要自己的工资增加就选择"赞成"，减少就选择"反对"，不变就选择"弃权"。不过，国王自己没有投票权。

请问国王最多能得到多少工资呢？

注：所有人的工资总额只有66美元。
每个人的工资额按整数增加或者减少。
分配方案的提议和投票可以发起多次。

第 5 章　只有具备多维度思维能力的人才能答出的问题

解说 虽然国王可以提出重新分配工资的方案，但大家可能都觉得国王获得的份额不会太多。因为国王没有投票权，他提出的方案必须让一部分国民多拿工资，才有可能不被否决。但国王发现，在某个关键时刻，情况会突然发生逆转。

提示1 "工资不增也不减的人会弃权"是一条关键信息。
提示2 如果工资增加的人数比减少的人数多，这个方案就会通过。

国王涨薪难

目前，所有国民的工资都是 1 美元。为了获得超过半数的赞成票，国王需要让至少 33 人的工资提高到"2 美元"或以上。但是，如果将 33 人的工资提高到 2 美元，66 美元的预算就不够了。

由于国王没有投票权，他首先提出了一个给自己增加工资的方案，具体如下：

32 人 + 国王：工资增加（1 美元→ 2 美元）→ 32 票赞成
33 人：工资减少（1 美元→ 0 美元）→ 33 票反对

这个方案最终将以"32 票赞成：33 票反对"的结果被否决。也就是说，在初始状态下，国王要想让别人赞成自己的分配方案，必须加入"工资减少的一方"：

33 人：工资增加（1 美元→ 2 美元）→ 33 票赞成
32 人 + 国王：工资减少（1 美元→ 0 美元）→ 32 票反对

国王的狡猾策略

现在开始才是关键。还记得"工资不增不减的人会弃权"这个条件吗？除国王外，工资降为 0 的 32 人，只要之后工资不再增加，就会选择弃权。所以，只要不提高他们的工资，就可以忽略他们投票的影响。

假设国王下一轮提出的分配方案如下：

17 人：工资增加（2 美元→ 3 美元）→ 17 票赞成
16 人：工资减少（2 美元→ 0 美元）→ 16 票反对
32 人：工资不变（0 美元→ 0 美元）→ 32 票弃权
国王：工资增加（0 美元→ 15 美元）→无投票权

在本轮方案中，国王先让上次分配后工资已经增加的 33 人中的 17 人（超过半数）工资再增加 1 美元，其余 16 人的工资降低为 0。再让上次分配后工资变为 0 的 32 人依然保持工资为 0。然后，将剩下的 15 美元全部作为自己的工资。当然，工资减少的 16 人会反对，但工资增加的 17 人会赞成。这样，这轮方案就会以"17 票赞成，16 票反对，32 票弃权"的结果被采纳，国王得到 15 美元的工资。

通过增加弃权者的数量，再提出对自己有利的分配方案，这就是国王的"狡猾的策略"。

只有国王最终受益的策略

如果利用上述策略，将弃权者的人数增加到极限，会发生什么呢？我们来推演一下。

- 第 1 轮分配方案

33 人：工资增加（1 美元→ 2 美元）→ 33 票赞成

32 人 + 国王：工资减少（1 美元→ 0 美元）→ 32 票反对

- 第 2 轮分配方案

17 人：工资增加（2 美元→ 3 美元或 4 美元[①]）→ 17 票赞成

16 人：工资减少（2 美元→ 0 美元）→ 16 票反对

32 人 + 国王：工资不变（0 美元→ 0 美元）→ 32 票弃权

- 第 3 轮分配方案

9 人：工资增加（3 美元或 4 美元→ 6 美元或 7 美元）→ 9 票赞成

8 人：工资减少（3 美元或 4 美元→ 0 美元）→ 8 票反对

48 人 + 国王：工资不变（0 美元→ 0 美元）→ 48 票弃权

---

① 此处指 17 人中有部分人的工资增加到 3 美元，有部分人增加到 4 美元，总支出不超过工资总额，即 66 美元。同样，在后续的分配方案中，类似表述意味着有部分人的工资增加到较低值，有部分人增加到较高值，以保证整体工资预算不会超额。

- 第 4 轮分配方案

5 人：工资增加（6 美元或 7 美元 → 12 美元或 13 美元）→ 5 票赞成

4 人：工资减少（6 美元或 7 美元 → 0 美元）→ 4 票反对

56 人 + 国王：工资不变（0 美元 → 0 美元）→ 56 票弃权

- 第 5 轮分配方案

3 人：工资增加（12 美元或 13 美元 → 22 美元）→ 3 票赞成

2 人：工资减少（12 美元或 13 美元 → 0 美元）→ 2 票反对

60 人 + 国王：工资不变（0 美元 → 0 美元）→ 60 票弃权

- 第 6 轮分配方案

2 人：工资增加（22 美元 → 33 美元）→ 2 票赞成

1 人：工资减少（22 美元 → 0 美元）→ 1 票反对

62 人 + 国王：工资不变（0 美元 → 0 美元）→ 62 票弃权

通过 6 轮分配方案，国王成功地将拥有投票权的人数削减至最低，仅剩 2 人。

噩梦般的大结局

至此，国王就可以提出增加自己工资的分配方案了。不过，有投票权的国民还有 2 人，即使提高其中 1 人的工资，也无法使赞成票超过半数。所以，国王要在之前工资被降为 0 美元的人中随机选择 3 人，将他们的工资提高到 1 美元。具体分配情况如下：

- 第 7 轮分配方案

3 人：工资增加（0 美元→1 美元）→3 票赞成

2 人：工资减少（33 美元→0 美元）→2 票反对

60 人：工资不变（0 美元→0 美元）→60 票弃权

国王：工资增加（0 美元→63 美元）

这样，国王就可以得到 63 美元。

答案 | **63美元**

总结

在第 1 轮到第 6 轮的投票中，国王先是将自己的工资降为 0，最终却成功攫取了巨额财富——这一策略虽显得贪婪至极，但也展现出惊人的算计与智慧。

那些曾因工资上涨而支持国王方案的人，最终却被卸磨杀驴，沦为牺牲品。虽然他们的遭遇令人惋惜，但这一经历也给他们上了宝贵的一课：只顾眼前私利而忽视整体利益的人，往往会在最终付出惨痛代价。

这道题由瑞典林雪平大学的一位教授设计，而这种看似极端、不可能发生的情境，在瑞典的历史上却曾真实上演。

能否深度思考"假设中的假设"？

多维度思维

8

难易度 ★★★★☆

8张邮票

有4张白色邮票和4张绿色邮票。
给A、B、C 3人看了这8张邮票后，
随机在每人的额头上贴上2张，再把剩下的2张放进盒子里。
3人看不到自己额头上邮票和盒子里邮票的颜色，
但可以看到其他2人额头上邮票的颜色。

现在，问3人是否知道自己额头上邮票的颜色，
A说："我不知道。"
B说："我不知道。"
C说："我不知道。"
A又说："我不知道。"
B又说："我知道了！"

请问B额头上的2张邮票是什么颜色的？

解说 既然所有人都回答"不知道",那么结论不就是"没人知道自己额头上的邮票是什么颜色"吗?这道题乍一看,确实让人忍不住想要放弃思考。然而,尽管这段对话几乎每一句都是"不知道",但每个人的回答传递了不同的信息,这些信息正是解题的关键。

先简化信息

2 张邮票的组合只有"白 - 白""白 - 绿""绿 - 绿"这 3 种。而且,这些组合实际上可以归纳为**"2 张颜色相同"**或**"2 张颜色不同"**这 2 种情况。

此外,虽然乍一看似乎不可能猜出自己邮票的颜色,但实际上在某种情况下,3 人都可以立即得出正确答案。那就是除了自己,其他 2 人邮票都是同一种颜色。

比如从 A 的视角来看,如果 B 的邮票是"白 - 白",C 的邮票也是"白 - 白",那么 A 就会知道自己的邮票一定会是"绿 - 绿"。因为相同颜色的邮票只有 4 张。如果看到的 4 张邮票都是同一种颜色,说明自己的邮票就是另一个颜色的。

- 邮票可能的组合只有"2 张颜色相同"和"2 张颜色不同"。
- 如果看到其他 4 张邮票都是同一种颜色,就可以知道自己邮票的颜色。

以上这 2 条信息是所有推理的出发点。接下来,让我们依次分析 3 人的回答。

第1轮所有人都说"我不知道"

虽说现在要分析 3 人的回答，但其实他们说的几乎都是"不知道"。此时，只需要思考一下他们不知道的理由，就可以找到线索。先分析一下第 1 轮发言：

A 说："我不知道。"

A 不知道答案，就说明 B 和 C 额头上的 4 张邮票并非"全都是同一种颜色"。

B 说："我不知道。"

同理，这说明 A 和 C 额头上的 4 张邮票也并非"全都是同一种颜色"。

C 说："我不知道。"

同理，这说明 A 和 B 额头上的 4 张邮票也并非"全都是同一种颜色"。

通过第 1 轮的回答，我们只能得出"没有任何 2 个人的邮票是同一种颜色的组合"这样的结论。

第2轮的回答都是"读心术"

A 说："我不知道。"

在第 2 轮发言中，A 依然给出了相同的回答。为什么即使听了 B 和 C 的发言，A 还是无法确认自己额头上邮票的颜色呢？让我们想象一下 A 在听到 B 和 C 的第 1 轮回答后会怎么想。

由于目前缺乏直接确定性的信息，所以我们需要通过假设进行推理。假设 A 看到 B 额头上邮票的颜色是"白–白"，那么 A 在第 2 轮的思考过程可能如下：

假设①：B 额头上邮票的颜色是"白 - 白"。

A：B 的邮票颜色是"白 - 白"。也就是说，我额头上邮票的颜色的不是"白 - 白"。如果我的是"白 - 白"，C 会知道自己额头上邮票的颜色是"绿 - 绿"，那么第 1 轮 C 就能给出答案。

A：所以，我额头上邮票的颜色应该是"绿 - 绿"或者"白 - 绿"。

在 B 的邮票颜色是"白–白"的情况下，A 就可以确定自己邮票的颜色不是"白–白"。在此，我们可以对 A 也进行一次假设，形成双重假设：

假设①：B 额头上邮票的颜色是"白 - 白"。
假设②：A 额头上邮票的颜色是"绿 - 绿"。←新增

在这种情况下，看到他们 2 人的 C 在第 1 轮会如何思考呢？
以下是 C 可能的思考过程：

C：A 额头上邮票的颜色是"绿 - 绿"，B 的是"白 - 白"。但是 A 没能回答出来，这意味着我额头上邮票的颜色不是"白 - 白"。同时 B 也没能回答出来，这意味着我的也不是"绿 - 绿"。那么我的邮票颜色只能是"白 - 绿"。

因此，如果 B 额头上邮票的颜色是"白 – 白"，A 就能确信："如果我的是"绿 – 绿"，那么 C 在第 1 轮就能知道答案"。

A根据C的想法得出的结论

让我们回顾一下基于前面的推理得到的结论。

A：B 额头上邮票的颜色是"白 - 白"。在这种情况下，如果我的是"白 - 白"或者"绿 - 绿"，C 在第 1 轮就应该能知道自己额头上邮票的颜色。

但是，C 并没有回答出来。这意味着我不是这 2 种情况中的任何 1 种。那么，我额头上邮票的颜色是"白 - 绿"。

这是在假设 B 是"白 – 白"的情况下，A 在第 1 轮结束时得出的结论。因此，在第 2 轮，A 应该能够得出"我的邮票是白色和绿色"这一正确答案。

但是，A 在第 2 轮的回答依然是"我不知道"。

这意味着，B 的邮票颜色是"白 - 白"的假设是错误的。

B分析"A对C的分析"后得出的结论

仅凭现有的信息，我们就能通过逻辑思考推导出这个结果。这意味着这 3 人也能进行相同的思考。

没错，当听完第 2 轮 A 的回答后，B 也在头脑中进行了和我们相同的假设和验证。也就是说，B 根据分析"A 对 C 的分析"，读懂了 A 的思考过程。

因此，在第 2 轮 A 的回答结束后，B 会这样思考：

B：假设我额头上邮票的颜色是"白 - 白"，A 应该会意识到如果自己的是"白 - 白"或者"绿 - 绿"，C 在第 1 轮就应该能得出正确答案。

但是，C 没有得出正确答案。也就是说，A 应该意识到了自己的邮票颜色是"白 - 绿"。

但是，即使在第 2 轮，A 也没有得出正确答案。

这意味着，我额头上邮票的颜色不是"白 - 白"，也不是"绿 - 绿"。

所以，我额头上邮票的颜色只能是白色和绿色！

这样，B 就得出了正确答案。

答案 | B 额头上的邮票是白色和绿色的。

总结

这道题中，B 根据分析"A 对 C 的分析"，读懂了 A 的思考过程。这话看起来就像是绕口令，让人一开始理不出头绪。但实际上它的逻辑性非常强，像是在玩一场"心理战"。我个人很喜欢这类问题。

能否发现语言中隐藏的真实意图？

难易度 ★★★☆

多维度思维

9

查理的生日

A、B、C这3人问查理："你的生日是什么时候？"
查理说他的生日是下面的日期之一。

1999年4月14日	2000年2月19日	2000年3月14日
2000年3月15日	2000年4月15日	2000年4月16日
2001年2月15日	2001年3月15日	2001年4月14日
2001年4月16日	2001年5月14日	2001年5月16日
	2001年5月17日	2002年2月17日

随后，查理分别将正确的月份告诉A，日期告诉B，年份告诉C。查理的这个安排，他们3人都知道。
被问到查理的生日是什么时候时，A说："我不知道，B也不知道。"
B说："是的，C也不知道。"
C说："嗯，我不知道。但A现在还是不知道。"
B说："啊，我知道了。"
A说："现在大家都知道了。"

请问查理的生日是什么时候？

> **解说** 本题源自著名的数学问题"谢丽尔的生日",该问题因其高难度曾在全球范围内引发热议,而本题则是该问题的升级版,由汇聚全美顶尖智慧的美国国家安全局发布。

A知道"B不知道"

这个问题的解题思路本身非常简单——只需根据 3 人的对话内容,在 14 个备选生日日期中逐步锁定目标。然而,问题的难点在于,所有人的发言内容几乎都是"我不知道"。因此,我们需要从这些"不知道"中挖掘出更多有助于推理的东西。

让我们来思考一下,从每个人的发言中能知道什么。

A 说:"我不知道,B 也不知道。"

在 14 个备选日期中,只有 1 个日期仅出现了 1 次,就是"19 日"。如果正确答案是"19 日",B 在查理告诉他日期的那一刻,就会立刻知道"2000 年 2 月 19 日"是正确答案。

但是,知道"月份"的 A 却说"B 也不知道",说明他知道不可能仅凭日期就确定答案。既然他能判断出"19 日"不可能是答案,也就是说,他知道"2 月"不是正确答案。因此,正确的月份不是"2 月"。这样就把包含"2 月"的 3 个选项排除了。

分析B为什么不知道

目前剩余的选项包括：

1999 年 4 月 14 日　~~2000 年 2 月 19 日~~　2000 年 3 月 14 日
2000 年 3 月 15 日　2000 年 4 月 15 日　2000 年 4 月 16 日
~~2001 年 2 月 15 日~~　2001 年 3 月 15 日　2001 年 4 月 14 日
2001 年 4 月 16 日　2001 年 5 月 14 日　2001 年 5 月 16 日
2001 年 5 月 17 日　~~2002 年 2 月 17 日~~

接下来，让我们分析一下 B 的发言。

B 说："是的，C 也不知道。"

其实，B 的发言是本题的难点所在，其中有一处不能忽视的细节：B 说了"是的"。B 在被 A 说"你也不知道"之后，应该已经排除了 2 月作为可能的正确答案。但即便如此，他还是不能确定答案。这意味着在剩下的选项中，只凭日期就能确定的日子不是正确答案。在剩下的选项中，"17 日"只出现了一次，这就意味着"17 日"也可以从选项中排除掉了。

B知道"C不知道"

目前剩余的选项包括：

1999 年 4 月 14 日   ~~2000 年 2 月 19 日~~   2000 年 3 月 14 日
2000 年 3 月 15 日   2000 年 4 月 15 日   2000 年 4 月 16 日
~~2001 年 2 月 15 日~~   2001 年 3 月 15 日   2001 年 4 月 14 日
2001 年 4 月 16 日   2001 年 5 月 14 日   2001 年 5 月 16 日
~~2001 年 5 月 17 日~~   ~~2002 年 2 月 17 日~~

让我们再回想一下 B 的发言。

B 说："是的，C 也不知道。"

这说明 B 知道"C 不知道"这件事。我们分析这个发言的方法，和分析 A 发言的方法是一样的。选项中，有 1 个仅凭"年"就能确定的选项，就是唯一的"1999 年"。也就是说，如果正确答案是"1999 年"，C 立刻就能知道正确答案。但是 B 断言"C 不知道"，是因为 B 知道不可能只凭年份就确定答案。既然 B 知道 1999 年不可能是答案，所以他同样知道"14 日"不是正确答案。所有包含"14 日"的选项就被排除掉了。

C知道"A不知道"

目前剩余的选项包括：

~~1999 年 4 月 14 日~~　~~2000 年 2 月 19 日~~　~~2000 年 3 月 14 日~~
2000 年 3 月 15 日　2000 年 4 月 15 日　2000 年 4 月 16 日
~~2001 年 2 月 15 日~~　2001 年 3 月 15 日　~~2001 年 4 月 14 日~~
2001 年 4 月 16 日　~~2001 年 5 月 14 日~~　2001 年 5 月 16 日
~~2001 年 5 月 17 日~~　~~2002 年 2 月 17 日~~

接下来再分析一下 C 的发言。

C 说："嗯，我不知道。但 A 现在还是不知道。"

根据 A 和 B 之前的发言，剩余可能的日期已经缩小至 6 个。但是，仅凭"年份"还无法确定答案，所以 C 说他不知道。

然而，C 又说"A 现在还是不知道"，这意味着即使 A 知道正确的月份，依然无法确定答案。而只知道月份就能确定的选项是"5 月"，这说明 C 知道答案不可能是"5 月"。也就是说，C 知道"2001 年"不是正确答案。因此，正确的年份不是"2001 年"，包含"2001 年"的选项就可以排除了。

目前剩余的选项包括：

~~1999年4月14日~~　~~2000年2月19日~~　~~2000年3月14日~~
2000年3月15日　2000年4月15日　2000年4月16日
~~2001年2月15日~~　~~2001年3月15日~~　~~2001年4月14日~~
~~2001年4月16日~~　~~2001年5月14日~~　~~2001年5月16日~~
~~2001年5月17日~~　~~2002年2月17日~~

分析到这一步，后面就很简单了。让我们看看B接下来的发言。

B说："啊，我知道了。"

当选项范围缩小到3个时，知道"日期"的B已经猜到了正确答案：有1个日期只出现了1次，那就是正确答案。综上所述，查理的生日是2000年4月16日。

答案 | 2000年4月16日

总结

一旦掌握了正确的思考方式，只需重复这一推理过程即可。这道题的关键点在于A最初断言"B也不知道"，深入分析"A为什么能做出这样的判断"，便是解题的突破口。如果能够从"某人知道谁不知道"的角度进行推理，整道题就能迎刃而解。

换句话说，我们不仅要关注每个人的发言内容，还要考虑他们发言的背景，以及他们在脑海中所掌握的信息。这样，我们才能挖掘出更多隐藏的线索，逐步锁定正确答案。

能否预测事物后续的发展？

多维度思维 10

难易度 ★★★★★

第 5 章 　只有具备多维度思维能力的人才能答出的问题

龙之岛

你来到了一座岛屿，岛上居住着100条长着绿色眼睛的龙。

岛上有一条奇怪的规则：如果哪条龙知道了自己的眼睛是绿色的，它就必须在当晚离开岛屿。

岛上没有镜子，龙之间也禁止交流。也就是说，这100条龙不知道自己眼睛的颜色，因此一直以来，没有龙离开岛屿。

当然，它们知道其他龙的眼睛是绿色的。就在你即将离开岛屿时，你对所有的龙说了一句话："至少有 1 条龙的眼睛是绿色的。"

> 至少有1条龙的眼睛是绿色的！

请问接下来会发生什么呢？

注：这些龙极具逻辑思维能力，并且它们每天早上都会在广场上集合一次。

解说 这是一道有点难以理解的题目。100条龙知道"除了自己以外所有龙的眼睛都是绿色的"。你又告诉它们"至少有1条龙的眼睛是绿色的"。这句话会带来什么影响呢？每条龙的第一反应可能是："这不是显而易见的事实吗？"毕竟，它们早已观察到其他龙的眼睛都是绿色的。因此，从表面上看，你的这句话似乎毫无作用，并不会改变任何龙对岛上情况的认知。

然而，真正的关键在于所有的龙都不知道自己的眼睛是什么颜色。这一点才是解题的突破口。

此外，题目还强调了一个重要信息——"这些龙极具逻辑思维能力"。这意味着它们能够严格按照逻辑推理，并且预见未来可能发生的情况。因此，解答这个问题时，我们也需要运用类似的推理方式，去分析这句话如何影响龙的思考过程。

提示1 先从简单模式开始思考，也就是在只有1条龙的情况下会怎样？

提示2 如果龙的数量变成2条，又会怎样？

假如只有1条龙

遇到需要处理的数字或信息量很大的情况时，我们可以尝试从最简化的情况，即"岛上只有1条龙"开始分析。

如果只有1条龙，事情就很简单了。这条龙会立刻意识到自己的眼睛是绿色的，所以它会在当天晚上离开岛屿。

假如有2条龙

我们再假设岛上有"龙 A"和"龙 B"2 条龙。

2 条龙以前就知道对方的眼睛是绿色的，现在它们又得知"至少有 1 条龙的眼睛是绿色的"。第 1 天，龙 A 这样想：

"如果我的眼睛不是绿色的，龙 B 应该立刻意识到自己的眼睛是绿色的。也就是说，龙 B 应该在今晚离开岛屿。"

同理，龙 B 也是这样想的。

然而到了第 2 天，龙 A 和 B 再次相遇。因为彼此都认为对方应该离开岛屿，所以它们都感到很惊讶。

随后，龙 A 想：

"如果我的眼睛不是绿色的，龙 B 昨晚就应该离开岛屿了。但是，龙 B 并没有离开。也就是说，我的眼睛是绿色的。"

同理，龙 B 也这样想。

因此，在第 2 天晚上，龙 A 和龙 B 会同时离开岛屿。

假如有3条龙

那么,假设岛上有"龙 A""龙 B"和"龙 C"3 条龙,情况会变得怎样呢?

从这里开始,我们要处理的情况会变得稍微复杂一些。3 条龙都知道其他 2 条龙的眼睛是绿色的,并且现在它们又得知"至少有 1 条龙的眼睛是绿色的"。第 1 天,龙 A 这样想:

"我不知道自己眼睛的颜色,但龙 B 和龙 C 都是绿眼睛的龙。龙 B 和龙 C 最初会认为只有对方的眼睛是绿色的,但是当它们发现对方在第 1 天晚上没有离开岛屿时,它们会意识到自己的眼睛也是绿色的。也就是说,到第 2 天晚上,龙 B 和龙 C 应该会同时离开岛屿。"

同理,龙 B 和龙 C 也这样想。

因此,第 2 天早上,3 条龙再次相遇时,它们并不感到惊讶。因为它们都认为"除了自己以外有 2 条绿眼睛的龙",所以第 2 天谁都没有离开岛屿。

到了第 3 天,3 条龙再次相遇。随后,龙 A 这样想:

"如果我的眼睛不是绿色的,龙 B 和龙 C 在第 1 天晚上看到对方没有离开岛屿,应该会在第 2 天晚上同时离开岛屿。但是,龙 B 和龙 C 都没有离开。这意味着'我的眼睛不是绿色的'这个假设是错误的。也就是说,我的眼睛是绿色的。"

同理，龙 B 和龙 C 也是这样想的。

因此，在第 3 天晚上，龙 A、龙 B 和龙 C 这 3 条龙会同时离开岛屿。

假如有100条龙

从这个过程中可以总结出一个规律，"n 条龙会在第 n 天晚上离开岛屿"。

例如，在有 4 条龙的情况下，每条龙也会进行相同的思考。在第 4 天之前，一切正常，无事发生。到了第 4 天，龙们注意到所有龙都还留在岛上，这时它们才意识到"自己的眼睛也是绿色的"。

也就是说，100 条龙在前 99 天都无法确定自己眼睛是不是绿色。但是在第 100 天，所有的龙都意识到，包括自己在内的 100 条龙都有绿色的眼睛。结果就是，在第 100 天的晚上，所有的龙都离开了岛屿。

答案 | 100条龙都会在第100天的晚上同时离开岛屿。

总结

这个结局是不是完全出人意料？仅凭逐步推理和层层递进的假设，我们竟然可以精准预测 100 天后发生的事情。这道题真正考验的是从多个角度思考问题的能力，以及运用逻辑推理建立普遍规律的思维方式。

解决这一问题的关键在于，先将 100 这个看起来很吓人的数字简化，从较小的数值入手进行分析。如果能够找到一个适用于所有情况的推理规律，那么无论面对多少条龙，都能轻松得出正确答案。

专栏　阿比林悖论

有一个关于"群体"的有趣故事。某个炎热的夏天，在美国得克萨斯州的一个小镇上，一家人正在聚会。这时，其中一个家庭成员提议去 85 千米外的阿比林旅行。虽然没有人真的想去旅行，但每个人都认为其他家庭成员想去，所以没有人反对这个提议。

去往阿比林的道路尘土飞扬，并且来回大约需要 4 个小时的车程。回家后，当有人说出"这趟旅行没什么意思"的真心话时，其他人也陆续抱怨道，"我本来就不想去""因为大家都说想去，我才去的"。最终，大家发现，包括最初提出建议的人在内，没有人真的想去阿比林。

这是发生在乔治·华盛顿大学名誉教授杰瑞·哈维（Jerry Harvey）身上的真实故事。在群体内沟通失效的情况下，即使每个成员的真实意愿与群体决策相悖，但为了避免显得不合群，大家都同意了群体的决定，最终导致群体得出所有成员都不满意的结论。哈维将这个现象命名为"阿比林悖论"。

在企业集体决策中，也常出现"所有人都不赞同的方案最终却被采纳"的情况。与"龙之岛"上的龙不同的是，职场同事之间是可以交流的。因此，为避免被"群体"这一无形的力量左右，理性沟通后再做出判断，才是最佳的决策方式。

能否突破无法推测的困境？

多维度思维 11

难易度 ★★★★★

不可能的数字猜测

A和B正在进行一场推理游戏。
他们各自拿到"连续的 2 个数字（正整数）"中的 1 个，
但他们不知道对方的数字，也无法互相交流。
游戏开始后，每过 1 分钟，钟声就会响起。
钟声响起后，2 人可以选择
推测对方的数字并回答或继续保持沉默。
一旦有人回答，游戏立即结束。

每人只有 1 次回答机会，如果猜错，则立刻输掉游戏。
**请问是拿到数字较大的一方更有机会获胜，
还是数字较小的一方更占优势？**
注：2 人都具备完美的逻辑推理能力。

第 5 章 只有具备多维度思维能力的人才能答出的问题

提示1 在特定情况下，第1次钟声响起时就能得出结论。
提示2 思考"数字较大的一方"和"数字较小的一方"各自掌握的信息。

难道不是只能靠运气吗？

可能有人还没能完全理解题意。我们先整理一下题中给出的信息。

假设 A 拿到的数字是 20，B 是 21。他们需要猜出对方的数字，但只知道对方的数字是"自己的数字 –1"或者"自己的数字 +1"。也就是说：

A 只知道"B 的数字是 19 或 21"。
B 只知道"A 的数字是 20 或 22"。

而且，一旦猜错，就会输掉游戏。所以，"必胜的方法"真的存在吗？

瞬间决定胜负的"唯一情况"

不，我们不能放弃。目前只有一个情况可以确保获胜，那就是准确地判断出对方的数字。

题中给出的条件是 2 个连续的数字（正整数）。在所有数字中，只有一个数字的相邻数字不完全是正整数，那就是"1"。如果 A 拿到的数字是"1",由于"0"不是正整数,A 可以立即断定 B 拿到的数字是"2"。A 就可以在游戏开始 1 分钟后的钟声响起时,立即回答 B 拿到的数字是"2",并赢得游戏。

从"简化思维"出发

我们已经知道,如果某人拿到的数字是"1",那么他就一定可以获胜。然而,很多人可能会疑惑:"这倒是没错,但这和最终答案有什么关系呢?"

这其实是我们之前多次提到的"简化思维"的方法。当问题涉及无限可能的数字时,最好的策略是从最小的数字开始逐步推理,从而得出具有普遍适用性的结论。

我们已经分析了 2 人拿到的数字分别是"1"和"2"时的情况。接下来,如果 2 人的数字分别是"2"和"3",会发生什么呢?

假设 A 拿到的是"2",B 拿到的是"3"。这时,A 会纠结于 B 拿到的数字是"1"还是"3"。如果直接回答,胜率只有 50%。所以,当第 1 次钟声响起时,A 会保持沉默。如果 B 拿到的数字是"1",就像刚才我们分析的那样,B 可以确定 A 是"2",所以在第 1 次钟声响起时,B 会立即回答。但 B 实际上是"3",所以 B 在第 1 次钟声响起时也会保持沉默。看到 B 在第 1 次钟声响起时没有回答,A 会这样想:

"如果 B 的数字是 1,他就可以确定我的数字是 2,那么在第 1 次钟声响起时他就应该回答。但是,游戏还在继续。也就是说,B 不是 1。"

意识到这一点的 A 在第 2 次钟声响起时，可以断定 B 的数字是"3"。

从简单向复杂推演

接下来，让我们分析一下 2 人拿到的数字分别是"3"和"4"的情况。假设 A 拿到的是"3"，B 拿到的是"4"。这时，A 会纠结于 B 的数字是"2"还是"4"，他会这样想：

"如果 B 的数字是 2，B 会纠结于我的数字是 1 还是 3。也就是说，如果我在第 1 次钟声响起时不回答，B 会确信我的数字不是 1 而是 3，那他就可以确定自己的数字是 2。也就是说，B 应该在第 2 次钟声响起时回答。"

由于 A 不能确定对方的数字，所以在第 1 次和第 2 次钟声响起时他都保持沉默。而 B 的数字是"4"，B 也不能确定对方的数字，所以在第 1 次和第 2 次钟声响起时，B 也保持沉默。看到这种情况，A 会这样想：

"如果 B 的数字是 2，我在第 1 次钟声响起时的沉默应该让他意识到了我的数字。但是，第 2 次钟声响起时 B 也没有回答。也就是说，B 不是 2。"

意识到这一点的 A，在第 3 次钟声响起时可以断定 B 的数字是"4"。

发现规律并举一反三

根据前面的讨论,当 2 人拿到的数字是"3"和"4"时,拿到"3"的人可以在第 3 次钟声响起时回答出对方的数字是"4",从而获胜。经过这些验证,我们已经看出了这个问题的本质:

当 2 人拿到的数字是"n"和"n+1"时,拿到较小数字"n"的人可以观察对方是否作答。如果在第"n-1"次钟声响起后,对方仍未回答,就意味着对方的数字是"n+1"。因此,在第 n 次钟声响起时,拿到数字"n"的人回答出对方的数字是"n+1",就能确保获胜。

答案 | 数字小的一方更有机会获胜。

总结

这道题的原型来自普雷许·塔尔瓦卡(Presh Talwalkar)在其博客中提出的"看似不可能的数字逻辑谜题"。事实上,从数字被分配的那一刻起,胜负就已经注定。

这道题的推理方式与前面"龙之岛"问题有异曲同工之妙。在这场不断深化的思维博弈中,最有效的策略是从极端情况入手,逐步推导出一个普遍适用的规律,并将其应用到更广泛的假设场景中进行验证。而这种在所有情况下都成立的规律,正是逻辑推理的核心。

多维度思维 12

能否掌控复杂的读心术？

难易度 ★★★★★ + ★★

1000块饼干

A、B、C 3 人从A开始轮流从1000块饼干中取走饼干，每次至少取 1 块，直到取完为止。

但是，3 人在取饼干时遵循以下规则：

①都想尽可能多地拿走饼干，但不希望自己成为"拿的最多的""拿的最少的"或"与其他人拿的数量相同"的人。

②如果无法满足①，就会不顾一切地拿走尽可能多的饼干。

3 人都极其理性，虽然他们不能进行交流，但能知道每人拿了多少饼干。

如果A要赢得胜利，他应该拿走多少饼干？在A获胜的情况下，B和C拿走的饼干数量又会是多少？

解说 总结一下题意，其实就是每人都想成为"3人中拿走饼干数量第2多的人"。再深入思考一下，你就会发现，"如果无法实现规则①，就尽可能多拿"这个规则，给题目增加了很大的难度。

提示1 首先从"极端数字"或"特殊数字"入手分析。
提示2 不能以"并列第二"作为最终策略。
提示3 第1轮的决策就能决定胜负。

必须成为唯一的第2名

3人都追求成为唯一的第2名，并在此前提下尽可能多地拿走饼干。即使是并列第二也不行。基于此，我们可以假设以下分配方式：

A：2块（第2名）
B：1块（第3名）
C：997块（第1名）

这样，便只有A达成目标，也就是成为所有人都在追求的"唯一的第2名"。

不能成为第2名则全部拿走

使问题变得复杂的是第2条规则：

如果确定自己无法实现规则①，就会不顾一切地拿尽可能多的饼干。

这意味着，一旦某人意识到自己无论如何都无法成为第 2 名，他就会放弃竞争策略，直接最大化个人利益，拿走所有能拿到的饼干。

在竞争中，当胜利无望时，很多人往往就会选择确保自身收益最大化。

从极端数字开始分析

逐一检查 1000 块饼干的分配模式会耗费太多时间。在这种情况下，我们可以从"极大值""极小值""边界附近的特殊数字"开始分析。

让我们先考虑"极大值"，即 A 拿了 1000 块饼干的情况。此时 3 人的分配情况如下：

A：1000
B：0
C：0

因为没有人比自己拥有更多的饼干，所以 A 无法成为第 2 名。因此，A 不可能做出这个选择。

如果A只拿1块

接下来，我们分析一下"极小值"，即 A 只拿 1 块饼干的情况。

这时，B 不能拿 2 块或以上的饼干，否则他就会变成第 1 名。如果 B 拿了 2 块以上，而 C 只拿 1 块，那么，之后 A 和 C 就会一直保持拿 1 块的策略，B 就会被锁定在第 1 名的位置上。因此，**如果 A 最初只拿 1 块，B 也会只拿 1 块**，随后 C 也不会拿 2 块或以上的饼干。因为一旦这样做，C 最终就会成为第 1 名。

A:	A：1	A：1
B:	B：1	B：1
C:	C：	C：1
剩余：999	剩余：998	剩余：997

然后又轮到 A 了。由于每人都只能拿 1 块（只要拿得比前面的人多就会成为第 1 名），最终局面会变成这样：

A：333

B：333

C：333

剩余：1

接下来又一次轮到 A。根据题中规定的"每次至少取 1 块"，A 必须拿走最后 1 块，因此 A 最终变成了第 1 名，导致 A 因为没有成为第

2 名而失败。

当然，A 是可以预见到这个结果的，所以 A 不可能做出"最初只拿 1 块饼干"这个选择。

333这个数字很可疑

我们已经验证了"极大值"和"极小值"。接下来，让我们验证一下"边界附近的特殊数字"。

将 1000 除以 3，结果是 333.333……可能很多人都会注意到，这附近的数字应该是解题的关键点。那么，我们先分析一下 A 拿走 333 块饼干的情况，3 人的分配明细如下：

A：333
B：
C：
剩余：667

我们可以简化一下 B 拿饼干的选择，有以下几种可能：

比 A 拿得多＝至少拿 334 块饼干
和 A 拿同样多＝拿 333 块饼干
比 A 拿得少＝最多拿 332 块饼干

那么，我们分别考虑一下这几种可能。

如果A拿333块，B至少拿334块

如果 B 拿走至少 334 块饼干，那么剩下的饼干最多为 333 块。随后轮到 C 时，C 无论如何都无法成为唯一的第 2 名。因此，C 会根据规则②采取行动，拿走剩下的所有饼干。而 B 会变成第 1 名，所以 B 不会做出这个选择。

如果A拿333块，B拿333块

如果 B 也拿走了 333 块饼干，那么剩下的饼干会有 334 块。C 如果拿走 334 块，就会成为第 1 名，所以 C 不会选择这个选项。

如果 C 拿走 333 块，剩下的 1 块将由 A 拿走，B 和 C 就会以同样拿走 333 块打成平手。C 不能成为唯一的第 2 名，所以 C 也不会选择这个选项。

对于 C 来说，看似可能的选择只有 332 块（比 A 少 1 块），但如果这样的话，轮到 A 时，饼干还有 2 块。此时意识到自己不能成为第 2 名的 A，会根据规则②拿走剩下的 2 块饼干。最终，B 将成为第 2 名（胜者）。C 能够预判到这一点，所以也不会选择拿 332 块饼干。

那么，如果 C 拿走不超过 331 块饼干会怎么样呢？由于 A 和 B 已经各自拿了 333 块，为了不比对方拿的饼干多，他们下一段会在剩下的饼干里各拿走 1 块。但是，因为 A 和 B 都想避免以相同数量结束，所以最后总会有一方拿更多的饼干，那么 A 和 B 就一定会成为第 1 名

和第 2 名，C 会成为第 3 名。因此，C 也不会选择拿走不超过 331 块饼干。

也就是说，在 B 拿走 333 块饼干的瞬间，C 已经失去了成为第 2 名的可能。意识到这一点的 C，会根据规则②，直接拿走剩下的 334 块。最终结果就是 A 和 B 以 333 块饼干打成平手。由于无法成为唯一的第 2 名，所以 B 不会选择"拿走 333 块"这个选项。

如果A拿333块，B最多拿332块

那么，如果 B 最多拿 332 块饼干会怎样呢？

这时，C 可以选择拿走 332 块（比 A 少 1 块）饼干，从而 C 将成为第 2 名或并列第 2 名。假设 B 拿走 300 块饼干，剩下的饼干还有 367 块。然后 C 拿走了 332 块饼干，剩下 35 块。因为 3 人每次必须至少各拿走 1 块，即使 A 每次只拿走 1 块，想保持第 2 名的 C 也会每次只拿走 1 块，差距不会改变。意识到这一点的 A 会发现自己无法成为第 2 名，根据规则②，就会拿走剩下的 35 块饼干。结果，C 成为第 2 名并获胜。

根据到目前为止的验证结果，如果 A 最初拿走了 333 块饼干，那么 B 或 C 会根据策略进行选择，阻止 A 成为第 2 名。至此，A 是没有胜算的。

A必输的拿饼干数量

同理，即便 A 拿走的饼干少于 333 块，情况也是一样的。因为那

时 B 和 C 可以选择的选项与 A 拿走 333 块时是相同的。按照**"比 A 拿得多""和 A 拿同样多""比 A 拿得少"**进行选择，无论剩余的饼干数量有多少，因为拿饼干的顺序没有变化，A 总是会比 B 和 C 拿到更多的饼干。

最终我们得出了一个结论：A 如果拿走 333 块或 333 块以下的饼干，就会输掉比赛。

如果A至少拿335块

前面我们已经推导出，如果 A 拿走的饼干数量小于等于 333 块，他一定会输。那么，除了这种情况，还有哪些情况下 A 也必输呢？

我先告诉你答案，就是 A 至少拿走 335 块饼干的情况。在这种情况下，不想成为第 1 名或第 3 名的 B 一定会拿走比 A 少 1 块的 334 块饼干。这样一来，C 只剩下 331 块饼干。C 意识到自己无法成为第 2 名，按照规则②，会拿走剩下的全部 331 块饼干。此时，3 人的饼干分配情况如下：

A：335

B：334

C：331

结果是第 2 名的 B 成为胜者。也就是说，如果 A 拿走 335 块饼干，就会直接输掉比赛。更重要的是，如果 A 拿走比 335 块更多的饼干，也会遵循相同的逻辑规律，B 总是可以拿走比 A 少 1 块的饼干。

那么，A 即使拿走比 335 块更多的饼干，也会输掉比赛。

A应该拿334块

A 应该拿走的饼干数量，既不能小于等于 333 块，也不能大于等于 335 块，那么答案就只能是 334 块了。

但是，我们的题目中还问：如果 A 成为第 2 名，B 和 C 拿走的饼干数量会是多少呢？

如果A拿334块，B拿333块

在 A 拿走 334 块饼干的前提下，我们来逐一验证 B 会拿走多少饼干。

让我们先分析 B 为了让 A 成为第 1 名，自己成为第 2 名而拿走 333 块饼干的情况。此时，还剩下 333 块饼干，但 C 成为"唯一的第 2 名"的可能性已经不存在了。因此，意识到自己无法成为唯一的第 2 名的 C 会根据规则②，拿走剩下的全部 333 块饼干：

A：334   A：334
B：333   B：333
C：   C：333
剩余：333

最终 B 和 C 并列第 2 名，谁都没成为"唯一的第 2 名"。也就是说，当 A 拿走 334 块饼干时，B 即使拿走 333 块饼干，也无法达成目标。

如果A拿334块，B至少拿334块

再看一下当 A 拿走 334 块饼干时，B 拿走的饼干数量大于等于 334 块的情况。

A：334　　　A：334
B：334　　　B：335
C：332　　　C：331

B 无论拿走 334 块还是 335 块，都无法成为第 2 名。那么当 A 拿走 334 块时，如果 B 拿走至少 334 块饼干，B 注定会输。

如果A拿334块，B最多拿332块

假设 A 拿走了 334 块，B 拿走的饼干数量小于等于 332 块。这时，C 会拿走 333 块饼干成为第 2 名。下一轮中，A 会拿走剩下的 1 块饼干。

A：334　　　　　A：334　　　　　A：334＋1（第 1 名）
B：332　➡　　　B：332　➡　　　B：332（第 3 名）
C：　　　　　　　C：333　　　　　C：333（第 2 名）
剩余：334　　　　剩余：1

也就是说，如果 B 拿走 332 块饼干，C 就会成为第 2 名（胜者）。而且，**即使 B 拿走的饼干少于 332 块，情况也是一样的**。当 B 拿走少于 332 块饼干时，C 一定会拿走 333 块饼干。

A：334（第 1 名）
B：小于 332 块（第 3 名）
C：333（第 2 名）
剩余：（333－B 拿走的数量）

只要确保自己拿走的饼干数量"比 A 少 1 块""比 B 多几块"，C 就必然会成为第 2 名（胜者）。
总之，当 A 拿走 334 块饼干时，如果 B 拿走的饼干数量不超过 332 块，就一定会输。

走投无路的 B

根据到目前为止的验证，当 A 拿走 334 块饼干时，B 可能的结局如下：

- 如果拿走 333 块饼干，B 会输掉比赛。

- 如果拿走 334 块或 334 块以上的饼干，B 会输掉比赛。
- 如果拿走 332 块或 332 块以下的饼干，B 会输掉比赛。

因此，B 会意识到自己无论如何都无法成为第 2 名，所以会根据规则②，拿走剩下的全部饼干（666 块）。

那么，最终的分配结果就会变成这样：

A：334 块（第 2 名）
B：666 块（第 1 名）
C：0 块（第 3 名）

答案 | A只要最开始拿走334块饼干，就可以确保自己成为第2名。最终，B拿走666块饼干，C没有饼干。

总结

　　这道题看似简单，实则极具挑战性。然而，通过逻辑推理的力量，我们成功找到了将"不可能"转化为"可能"的方法。我们不仅预测了他人思考问题的过程，还通过精准确定第一步拿走的饼干数量，让对手在无形中按照我们的策略行动。

　　这道题的原型同样出自美国国家安全局。它融合了多种高阶思维方式，包括分类、抽象化、简化、假设、嵌套假设（假设中的假设）等，几乎涵盖了我们之前所使用过的所有逻辑推理技巧。可以说，这是一道极具挑战性的题目，对我们的多维度思维能力提出了很高的要求。

第 6 章

逻辑思维题的终极挑战

最后，我们来挑战

逻辑思维领域中的"终极挑战"。

这类题目难度超乎想象，

解题过程宛如一场紧张刺激的剧本杀，

环环相扣、步步深入。

而当你最终揭开谜底的那一刻，那种豁然开朗的成就感，

绝对令人难以忘怀。

请尽情享受这场巅峰级的智慧盛宴吧。

能否让你的逻辑思维能力突破极限？

难易度 ★★★★★ + ★★★★★

石像之房

有23人被关在某栋楼里。楼里有一间"石像之房"，房间里有一尊石像，朝向东西南北之中的某个方向。

23人分别被关在单独的房间里，无法相互联系。

恶魔会从23人中随机选择 1 人，将其召唤到石像之房里。被召唤的人和时间都是随机的，同一个人可能被连续召唤。每个人只要等待足够长的时间，就一定会轮到自己被召唤，但"足够长的时间"具体是多久，没有人知道。

另外，这些人并不知道哪个人在什么时候被选中。

被召唤到房间的人必须执行以下操作之一：

①将石像向左转90度

②将石像向右转90度

③破坏石像

如果选择的是转动石像，那个人就会返回自己的房间。下一个人会被召唤到石像之房，再次执行①~③中的某个操作。

如果选择破坏石像，则所有进入过石像之房的人都会被释放。

为了确保所有人最终都能被释放，需要采取什么样的策略呢？

注：这23人事先知道这个规则，可以提前制定策略。但他们都不知道石像最初的朝向。

提示1 虽然石像的朝向有4种可能，但石像的移动方式其实非常有限。

提示2 将23人分为2组角色，分别为石像破坏者（1人）和其他（22人）。

提示3 有多次进入石像之房的人，但可能也有只进入石像之房1次的人。

如何释放23人

我们的目标是23人都能被释放。为此，必须在确信"所有人都进入过石像之房"的时候，才能破坏石像。那么，实现这个目标的障碍是什么呢？

要想被释放，就必须向其他人传达"自己已经进入过石像之房"的信息，但这23人是无法相互联系的。能够传递信息的地方只有一个，那就是石像之房。

召唤的特征

这23人都必须对朝向东西南北任意方向的石像采取"90度旋转"或"破坏"的行为。这似乎可以向其他人传达一些信息。

每个人在等待足够长的时间之后，一定会被召唤到石像之房。你可能会想，"那我就等到1个月之后直接破坏石像就可以了。"但是，也有可能1个月内恶魔只召唤了4个人。也就是说，时间的推移并不意味着进入石像之房的人数会增加，单纯依靠时间来判断是行不通的，必须通过在石像之房里的行为来确定 23 人是否都已经进入过这个房间了。

需要事先决定的事情

现在我们已经确认了前提，接下来需要事先决定由谁来破坏石像。由于 23 人是相互隔离的，如果不事先决定这一点，大家就会都不敢选择破坏石像。所以需要有个人来俯瞰全局，掌握石像之房的情况，并做出最终判断。

因此，我们将 23 人分为 1 名石像破坏者和其他 22 人这 2 组。其他 22 人需要传递"我已经进入过石像之房"的信息。而石像破坏者的任务是在石像之房里确认已经进入过的人数。确定所有人都进入过石像之房以后，就把石像破坏掉。

使用石像传递信息的方法

那么，这 22 人该如何传递"我已经进入过石像之房"的信息呢？可以使用的只有放置在石像之房里的石像。石像有"东西南北"4 个朝向，但进入房间的人只能将其"向右或向左旋转 90 度"。也就是说，为了向其他人传达信息，必须给这个行为赋予意义。

因此，我们不以"东西南北"来考虑石像的朝向，而是尝试将其分为 2 种类型。比如，可以将石像的状态分为"开 / 关"这 2 类。示意图如下：

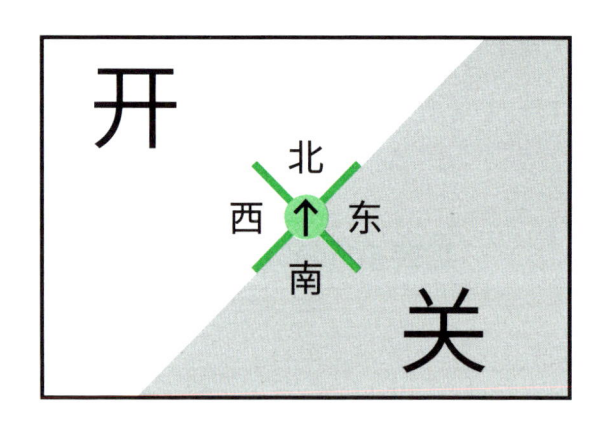

这样一来，每次进入房间的人就可以选择如下操作：

- "切换开 / 关的状态"
- "不切换开 / 关的状态"

例如，石像朝北时，想要"保持开 / 关的状态不变"，就可以将石像转向西；想要"切换到关的状态"，就将石像转向东。这样，改变石像朝向的行为就被赋予了意义。

顺便说一下，为什么要将方向的意义分为 2 类呢？可能也有人想过给 4 个方向分别赋予意义。但是，如上图所示，石像朝向北时，无法一次将其变为朝南。所以，即使给"南"这个方向单独赋予了某种意义，也无法确切地表示出来。为了把信息更好地传递给下一个进入石像之房的人，我们只赋予了石像的方向 2 种意义。

22 人应该做的事情

将石像的状态"开"进一步定义为"有人初次进入石像之房并移

动了石像",这是所有人事先共享的信息。接下来,除了"破坏者"之外的 22 人,在第 1 次进入石像之房时,如果石像的状态是"关",就将其切换到"开"。这就传达了"有人第 1 次进入石像之房"的信息。

如果在进入房间时石像已经是"开"的状态,就保持石像的状态为"开"不变。比如,如果当时石像朝向北("开"),就将其移动到朝西(保持"开"的状态)。这是为了留下有人把石像从"关"切换到"开"的信息。而且,曾经将石像从"关"切换到"开"的人,即使下次石像又变成"关",也要保持它为"关"的状态不变。

接收这些信息的人是石像破坏者。当石像破坏者进入房间时,如果石像处于"开"的状态,他就会知道在自己之前,有人进入这个房间并重新将"关"切换为"开"。破坏者将记录石像变为"开"的状态的次数。随后,石像破坏者会将石像重置为"关"的状态,并离开房间,然后再次等待石像变成"开"的状态。将这个过程一直重复下去,直到石像破坏者判断"所有人都进入过石像之房"时,他就会选择破坏石像。

石像最初的朝向

梳理一下 23 人的整体策略,具体如下:

• 除了破坏者之外的 22 人,在进入房间时,如果石像处于"关"状态,就切换到"开"。

• 如果石像已经处于"开"的状态,就保持"开"不变。

• 如果自己曾经将石像从"关"切换到"开",即使下次进入房间时看到石像处于"关"的状态,也继续保持"关"不变。

- 破坏者进入房间时，如果石像是"关"则保持"关"不变，如果是"开"就将其重置为"关"。
- 破坏者计算石像处于"开"状态的次数。当次数达到 22 次时，就选择破坏石像。

如果 22 人都已经传递了"我来过这个房间"的信息，破坏者就会破坏石像。按照这个策略，似乎 23 人都能够从楼里逃脱。

但这其实还远远不够，因为这里隐藏着这道题中最大的陷阱。我们其实一直忽略了一个要素，那就是"石像的初始状态"。请回想一下，23 人在开始的时候是不知道石像的朝向的。

如果石像的初始状态是"关"（南或东）。按照上述策略，当计数达到 22 次时破坏石像，23 人就都会被释放。

但如果石像的初始状态是"开"（北或西），则第 1 个进入房间的人会认为已经有人将石像切换为开，并保持开的状态不变。随后，其他人也会做出同样的判断。这样，当破坏者第 1 次进入房间时，他会误认为在自己进入房间之前，有人将石像从"关"切换到了"开"，因而多计算了 1 个人进入过石像之房。这个错误会造成什么后果呢？如果选择此时破坏石像，就只能释放 22 人。

那如果我们考虑到可能会多计算 1 人，并计划当计数达到 23 次时再破坏石像，可不可以呢？这也行不通。因为，如果石像的初始状态是"关"，那么第 23 次的"开"将永远不会到来。

所以，"石像的初始方向不明"这个限制，成了我们解题的障碍。

不受石像初始状态影响的方法

无论石像的初始状态是"关"还是"开",都要确认除了破坏者之外的 22 人确实都做过从"关"切换到"开"的操作,而确认的方法只有 1 个。

既然在操作 1 轮的情况下可能会漏掉 1 人,那么操作 2 轮呢?也就是说,从"关"切换到"开"的操作做 2 遍。破坏者在石像切换为"开"状态的次数达到 44 次时破坏石像即可。这样就不会受石像初始状态的影响,并且可以确保所有人被释放。

让我们分别分析一下每种情况。

如果石像的初始状态是"关",除了破坏者之外的 22 人分别将石像从"关"切换到"开"的状态 2 次。这样,当"开"的计数达到 44 次时,就可以确定除了破坏者之外的 22 人都已经进入过石像之房。

如果石像的初始状态是"开",破坏者会在还没有人将石像从"关"切换到"开"的情况下,就将"开"的次数计算为 1。因此,除了破坏者之外的 22 人中,有 21 人分别将石像从"关"切换到"开"的状态 2 次,还有 1 人只切换过 1 次时,"开"的计数就已经达到了 44 次。

此时,破坏者就可以确定所有人都已经进入过石像之房。

答案

将石像的朝向分为2种类型,规定东和南为"关",北和西为"开"。

将23人分为2组角色,分别是石像破坏者(1人)和其他(22人)。

除破坏者外的22人,在进入石像之房后执行以下动作:

- 如果石像的状态是"开",则保持原样。
- 如果石像的状态是"关",则将其切换为"ON"(最多2次)。

- 每个人从"关"切换到"开"的操作达到2次后,无论石像的状态是"开"还是"关",都保持不变。

石像破坏者进入石像之房后执行以下动作:

- 如果石像的状态是"开",就累加计数1次,并将其重置为"关"状态。
- 如果石像的状态是"关",则保持不变。
- 当石像处于"开"的状态的次数达到44次时,选择破坏石像。

这样,23人就都能被释放。

总 结

　　这 23 人并不是各自为战地思考问题，而是综合运用了多种思维方式：确定"石像破坏者"的方法需要运用"横向思维"；将石像的朝向简化为"开/关"状态的方法需要运用"多维度思维"；对已经找到的解决方案提出质疑，并重新审视石像的初始状态的方法，需要运用"批判性思维"；通过石像状态的变化，掌握除自己以外 22 人情况的方法，需要运用"全局思维"。最后，将这些思维方式结合起来，推导出正确答案，需要运用最关键的"逻辑思维"。

后记

逻辑思维题教会我的
真正重要的事

28 岁那年冬天，在工作 6 个月后，我选择了辞职。随后的几年，我经历了人生中最低谷的时期。正是在那段迷茫的日子里，我回想起了本书最后那道名为"石像之房"题目，并以此为契机，开始了一段探索逻辑思维题的旅程。后来，我又遇到了一道名为"国际象棋棋盘之房"的高难度题目。它的解法在日本鲜有人知，而其中蕴含的推理过程让我兴奋不已。

"太有趣了！如果更多人能接触到这样的逻辑思维题该多好！"

带着这样的想法，同时也希望让没有相关知识背景的人也能体会到解题的乐趣和逻辑推理的精妙，我开始用自己的方式重新整理这些题目的解析思路，并将其发布在博客上。

永不言弃的力量

那段时间，我利用赋闲在家的机会，全身心投入到写作之中。而在此之前，无论是工作 6 个月后辞职、兼职 4 个月后放弃，还是租房仅 3 个月就逃回老家，我的人生似乎一直在逃避各种挑战。

然而，这次不同。我竟然能够长时间专注于这些复杂的逻辑思维题。对我来说，这简直是破天荒的奇迹。

这段经历让我深刻体会到：即使最初看似不可能的事，只要专注投入，并不断探索，总有一天能找到答案。后来，我重返广告行业，并在 3 年内创造了近 1 亿日元的个人收益。

坚持独立思考的价值

如今，"效率"已成为流行的关键词，这是一个强调"快速获得正确答案"的时代。遇到问题，人们往往第一时间上网搜索答案，或者照搬专家的解析过程。获取正确答案的过程被极大地压缩，以至于"如何找到正确答案"似乎成了一件可有可无的事。

针对这一现象，宾夕法尼亚大学心理学家安吉拉·达克沃斯（Angela Duckworth）提出了"坚毅"（GRIT）的概念。她认为，在一个"正确答案"近在咫尺的时代，真正重要的不是盲目追随现成的解决方案，而是直面问题、独立思考的勇气。她强调，"别人的答案"未必是"最适合自己的答案"。即使面对看似无解的难题，我们也要敢于坚持探索，找到属于自己的最佳解法。

一道"无解之题"

接下来要聊的似乎与我上面所说的矛盾，但这件事同样非常重要。如果大家愿意再多陪我一会儿，我会非常高兴。

2018年，中国四川南充顺庆区的一道小学五年级数学考试题引发了广泛关注，让许多人感到震惊：

一艘船上载有 26 只绵羊和 10 只山羊，请问这艘船的船长年龄是多少？

学生和网友们对这道题一头雾水，因为题目表面上毫无逻辑可循。我先说明，这道题的陈述并没有任何错误或遗漏，但关键在于：它真的能得出答案吗？

面对这道题，一名学生尝试推理，给出了这样的回答："船长必须是成年人，所以他至少 18 岁。"而一名微博用户则从更复杂的角度出发，计算了船上动物的总重量约为 7700 千克，结合中国船舶执照的相关法规，推测出船长至少 28 岁。

这些答案虽然逻辑上有一定的说服力，但它们真的能得出准确的结论吗？答案是"不能"。

这道题的正确答案，其实是："无法确定"。

题干中根本没有提供任何关于船长年龄的有效信息，因此，这是一道无解的题目。只有"无法确定"或"题目没有提供足够的信息"才是符合逻辑的正确答案。

我认为，这道题的意义在于它挑战了人们的解题惯性，提醒我们不要盲目寻找答案，而要先判断问题是否合理。

怎么解答"无解之题"？

实际上，1979 年，法国研究者曾经提出过与这道题完全相同的问题，让法国小学一年级和二年级的一部分学生作答。当时出题人给出的正确答案就是"信息不足"或"不知道"，但居然有超过 75% 的学生给出了一个自己认为可能正确的答案。

追溯历史，我们可以在 19 世纪的文学经典中找到类似的无解问题。《包法利夫人》的作者居斯塔夫·福楼拜（Gustave Flaubert）曾在 1841 年写给妹妹卡罗琳的信中，提出了这样一道问题：

羊群中有 125 只羊和 5 条狗，请问牧羊人的年龄是多少？

这与 2018 年中国四川南充顺庆区小学数学考试中的那道"船长年龄"问题如出一辙。那么，为什么会有人刻意设计这些看似毫无意义的问题呢？

出题方——顺庆区教育局的解释是：这道题的目的，并不是考查数学计算能力，而是测试学生是否具备质疑和批判的意识，以及与数学运算无关的逻辑思维能力。换句话说，它考察的是能否识别一个问题是否合理，而不是从题干中强行推导出一个数字。

然而，面对这道题，大多数学生仍然尝试解答，原因很简单：这是数学考试，既然出题人问了，那就应该有答案。他们的思维方式是——既然题目给出了数据，那么一定可以通过数学推导出正确答案。

这在通常情况下的确是合理的推理方式，但并不适用于所有情境。现实世界中的问题并不总是有答案的。有时候，面对缺乏逻辑依据的问题，勇敢地承认"无法回答"，才是最正确的选择。

拥有回答"不知道"的勇气

我们每个人在步入社会后都会不可避免地遇到无数难题，许多人会直觉地认为，"这个问题一定有解决的办法""如果找不到答案，就是我的错"。

的确，如果一遇到问题就轻言放弃，就会像以前的我一样，过着习惯逃避的生活。然而，比"放弃思考"更危险的是"强行得出一个答案"。

在考试时，答错的代价只是扣分而已，但在现实生活中，贸然做出没有依据的决策，则可能会带来不可挽回的后果。

这就是逻辑思维题教会我的真正重要的事。

参考文献

アレックス・ベロス著／水谷淳訳（2018年）.『この数学パズル、解けますか？』.SBクリエイティブ.

宮崎興二編訳／日野雅之、鈴木広隆訳（2017年）.『数と図形のパズル百科』.丸善出版.

ピーター・ウィンクラー著／坂井公、岩沢宏和、小副川健訳（2011年）.『とっておきの数学パズル』.日本評論社.

ピーター・ウィンクラー著／坂井公、岩沢宏和、小副川健訳（2012年）.『続・とっておきの数学パズル』.日本評論社.

ウィリアム・パウンドストーン著／桃井緑美子訳（2012年）.『Googleがほしがる スマート脳のつくり方』.青土社.

ユーリ・チェルニャーク、ロバート・ローズ著／原辰次、岩崎徹也訳（1996年）.『ミンスクのにわとり』.翔泳社

藤村幸三郎著（1976年）.『パズル・パズル・パズル』.ダイヤモンド社.

田中一之著（2013年）.『チューリングと超パズル』.東京大学出版会.

芦ヶ原伸之著（2002年）.『超々難問数理パズル』.講談社.

レイモンド・スマリヤン著／長尾確、長尾加寿恵訳（2008年）.『スマリヤンの究極の論理パズル』.白揚社.

ポール・G・ヒューイット作／松森靖夫編訳（2011年）.『傑作！ 物理パズル50』.講談社.

友野典男著（2006年）.『行動経済学 経済は「感情」で動いている』.光文社.

マーガレット・カオンゾ著／高橋昌一郎監修／増田千苗訳（2019年）.『パラドックス』.ニュートンプレス.

多湖輝著（1999年）.『頭の体操 第1集』.光文社.

中村義作著（2017年）.『世界の名作 数理パズル100』.講談社.

D・ウェルズ著／宮崎興二監訳／日野雅之訳（2020年）.『ウェルズ 数理パズル358』.丸善出版.

ディック・ヘス著／小谷善行訳（2014年）.『知力を鍛える究極パズル』.日本評論社.

参考网站

Bellos, Alex. (2016, March 28) .*Did you solve it? The logic question almost everyone gets wrong*. The Guardian.
https:www.theguardian.com/science/2016/mar/28/did-you-solve-it-the-logic-question-almost-everyone-gets-wrong

Bellos, Alex. (2016,October 10). *Did you solve it? The ping pong puzzle.* The Guardian. https://www.theguardian.com/science/2016/oct/10/did-you-solve-it-the-ping-pong-puzzle

Bellos, Alex. (2017,June 19). *Did you solve it? Pythagoras's best puzzles.* The Guardian. https://www.theguardian.com/science/2017/jun/19/did-you-solve-it-pythagorass-best-puzzles

Bellos, Alex. (2017,November 20). *Did you solve it? This apple teaser is hard core!.* The Guardian. https://www.theguardian.com/science/2017/nov/20/did-you-solve-it-this-apple-teaser-is-hard-core

Bennett, Jay. (2017,July 14). *Riddle of the Week #32: Adam & Eve Play Rock-Paper-Scissors.* POPULAR MECHANICS. https://www.popularmechanics.com/science/math/a27293/riddle-of-the-week-rock-paperscissors/

Coldwell, Nigel. (for no date). *Answer to Puzzle #37: An Aeroplane Takes a Round-trip in the Wind.* A Collection of Quant Riddles With Answers. http://puzzles.nigelcoldwell.co.uk/thirtyseven.htm

Coldwell, Nigel. (for no date). *Answer to Puzzle #59: 25 Horses, Find the Fastest 3.* A Collection of Quant Riddles With Answers. https://puzzles.nigelcoldwell.co.uk/fiftynine.htm

Data Genetics. (for no date). *Bizarre gunman and the colored dots.* Logic Puzzle. http://datagenetics.com/blog/october22012/index.html

Den, Braian. (for no date). *MASTERS OF LOGIC PUZZLES (STAMPS).* LOGIC PUZZLES. http://brainden.com/logic-puzzles.htm

Doorknob. (2015,May 12). *The Sheikh dies.* Puzzling Stack Exchange. https://puzzling.stackexchange.com/questions/2602/the-sheikh-dies

Geeks for Geeks. (2023,January 18). *Puzzle 63|Paper ball and three friends.* https://www.geeksforgeeks.org/puzzle-paper-ball-and-three-friends/

Geeks for Geeks. (2023,June 27). *Puzzle 2|(Find ages of daughters).* https://www.geeksforgeeks.org/puzzle-2-find-ages-of-daughters/

Geeks for Geeks. (2023,September 18). *Puzzle|Black and White Balls.* https://www.geeksforgeeks.org/puzzleblack-white-balls/

Geeks for Geeks. (2023,November 21). *Puzzle 1|(How to Measure 45 minutes using two identical wires?).*

https://www.geeksforgeeks.org/puzzle-1-how-to-measure-45-minutes-using-two-identical-wires/

Gonzalez, Robbie. (2014,October 12). *Can You Solve The World's (Other) Hardest Logic Puzzle?*. GIZMODO. https://gizmodo.com/can-you-solve-the-worlds-other-hardest-logic-puzzle-1645422530

Khovanova, Tanya. (2016,June 4). *Who is Guilty?*. Tanya Khovanova's Math Blog. https://blog.tanyakhovanova.com/2016/06/who-is-guilty/

Morton, Evan. (1999,September 1). *Ponder This*. IBM. https://research.ibm.com/haifa/ponderthis/challenges/September1999.html

Pleacher, David. (2005,September 5). *The Cross Country Meet*. Mr. P's Math Page. https://www.pleacher.com/mp/probweek/p2005/a090505.html

Pleacher, David. (2005,November 7). *What Day of the Week is it? from Car Talk*. Mr. P's Math Page. https://www.pleacher.com/mp/probweek/p2005/ma110705.html

Simbs. (2018,January 16). *Who stole the flying car in Hogwarts?*. Puzzling Stack Exchange. https://puzzling.stackexchange.com/questions/59276/who-stole-the-flying-car-in-hogwarts

Talwalkar, Presh. (2017,January 8). *Can you solve the apples and oranges riddle*. Mind Your Decisions. https://mindyourdecisions.com/blog/2017/01/08/can-you-solve-the-apples-and-oranges-riddle-the-mislabeled-boxesinterview-question-sunday-puzzle/#more-19303

Talwalkar, Presh. (2017,June 18). *The Seemingly Impossible Guess The Number Logic Puzzle*. Mind Your Decisions. https://mindyourdecisions.com/blog/2017/06/18/the-seemingly-impossible-guess-the-number-logic-puzzle/

Talwalkar, Presh. (2017,July 9). *Can You Solve The Hiding Cat Puzzle? Tech Interview Question*. Mind Your Decisions. https://mindyourdecisions.com/blog/2017/07/09/can-you-solve-the-hiding-cat-puzzle-techinterview-question/

Talwalkar, Presh. (2017,August 6). *The "Impossible" Handshake Logic Puzzle. A Martin Gardner Classic*. Mind Your Decisions. https://mindyourdecisions.com/blog/2017/08/06/the-impossible-handshake-logic-puzzle-amartin-gardner-classic/

universe.laws. (2018). *Can You Solve The Cat In The Box Logic Puzzle?*. steemit.
https://steemit.com/logic/@universe.laws/can-you-solve-the-cat-in-the-box-logic-puzzle

UNIVERSIDADE D COIMBRA. (for no date). *Projecto Delfos Colecção de Problemas das Olimpíadas Russas.*
http://www.mat.uc.pt/~delfos/PROB-RUSSIA.pdf

Wikipedia. (for no date). *Ten-Hat Variant without Hearing.Induction puzzles.*
https://en.wikipedia.org/wiki/Induction_puzzles#Ten-Hat_Variant

Wikipedia. (for no date). *Balance puzzle.Balance puzzle.*
https://en.wikipedia.org/wiki/Balance_puzzle

ATAMA NO IIHITO DAKE GA TOKERU RONRITEKI SHIKOMONDAI
by HIROYUKI NOMURA
Copyright © 2024 HIROYUKI NOMURA
Simplified Chinese translation copyright © 2024 by Beijing logicreation Information&Technology Co., Ltd
All rights reserved.
Original Japanese language edition published by Diamond, Inc.
Simplified Chinese translation rights arranged with Diamond, Inc.
through BARDON CHINESE CREATIVE AGENCY LIMITED.

著作版权合同登记号：01-2024-5651

图书在版编目（CIP）数据

让思考上瘾 /（日）野村裕之著；富雁红译 .
北京：新星出版社 , 2025.3（2025.7 重印）. -- ISBN 978-7-5133-5798-2
Ⅰ . B80-49
中国国家版本馆 CIP 数据核字第 2024UP0543 号

让思考上瘾

（日）野村裕之　著　富雁红　译

责任编辑	汪　欣	封面设计	陈旭麟　周　跃
策划编辑	琚一放　翁慕涵　张慧哲	内文制作	吴　九
营销编辑	陈宵晗　chenxiaohan@luojilab.com	责任印制	李珊珊
	张羽彤　丛　靓　许　晶		

出 版 人	马汝军
出版发行	新星出版社
	（北京市西城区车公庄大街丙 3 号楼 8001　100044）
网　　址	www.newstarpress.com
法律顾问	北京市岳成律师事务所
印　　刷	北京盛通印刷股份有限公司
开　　本	635mm×965mm　1/32
印　　张	10.25
字　　数	253 千字
版　　次	2025 年 3 月第 1 版　2025 年 7 月第 5 次印刷
书　　号	ISBN 978-7-5133-5798-2
定　　价	69.00 元

版权专有，侵权必究；如有质量问题，请与发行公司联系。
发行公司：400-0526000　总机：010-88310888　传真：010-65270449